服装设计手绘表现教程

马克笔时装画技法 全解析

马建栋　王群山　丁香 ◎ 著

東華大學出版社

图书在版编目（CIP）数据

服装设计手绘表现教程：马克笔时装画技法全解析 /
马建栋, 王群山, 丁香著. -- 上海：东华大学出版社,
2024.1
ISBN 978-7-5669-2287-8

Ⅰ. ①服… Ⅱ. ①马… ②王… ③丁… Ⅲ. ①时装－
绘画技法 Ⅳ. ①TS941.28

中国国家版本馆CIP数据核字(2023)第223941号

策划编辑：徐 建 红
责任编辑：杜 燕 峰
装帧设计：唐 　棣

出　　版：东华大学出版社（地址：上海市延安西路1882号　邮编：200051）
本社网址：dhupress.dhu.edu.cn
天猫旗舰店：dhdx.tmall.com
销售中心：021-62193056　62373056　62379558
印　　刷：中华商务联合印刷（广东）有限公司
开　　本：889mm × 1194mm　1/16
印　　张：12.5
字　　数：440千字
版　　次：2024年1月第1版
印　　次：2024年1月第1次
书　　号：ISBN 978-7-5669-2287-8
定　　价：99.00元

前言

时装画是一种特殊的艺术表现形式，它将艺术性与实用性融为一体，以服装作为表现对象，结合穿着者的形象气质，表现服装款式的整体廓型、结构设计、色彩搭配、面料材质，传达出设计师的独特创意和内在情感。时装画在满足表达服装设计功能的基础上，又映射出时代特征，展示时尚氛围和文化形态，既充当了流行的载体，又记录和诠释了历史经典。

马克笔作为绘制时装画时最常用的一种工具，因其快速、便捷的特性，尤其是它独特的绘画表达方式，近年来倍受年轻设计师的喜爱。马克笔时装画风格鲜明、笔法讲究，看似随性的线条与色块中却蕴含着独有的意趣，用一种不同于其他艺术的形式语言传达出服装艺术设计的多元美感。伴随着服饰时尚行业的快节奏变化，马克笔时装画也在一批新兴的时装插画师和设计师的共同努力推动下，不断拓宽着时装画艺术的边界，延展出时装画的更多可能性。

然而，对于初学者而言，马克笔工具的基本技法相较于彩铅、水彩等常用工具，在刚接触的时候有难以驾驭的感觉：线条难以控制、着色不易修改、笔触衔接不自然、细节表现不够精准等，很容易令初学者产生挫败感，降低学习热情。本书是作者在北京服装学院十多年的教学实践过程中，总结出的一套马克笔时装画技法教学理论体系，结合大量详细的绘图案例分解步骤，帮助初学者快速入门，从绘图基础开始，扎扎实实、一步步加强读者对马克笔技法的认知和理解，从而树立信心，获得良好的学习体验，激发他们练习和创作的积极性，使其经过一定数量的练习积累之后，水到渠成地掌握这项技能。

本书的编写历经五年多，从整本书的内容策划、大纲拟定，到案例绘图的实施、讲解文字的撰写以及装帧设计等，耗费了大量的时间和精力，其中也由衷地感谢东华大学出版社的编辑和苏简老师为整本书的顺利出版所付出的心血。我们希望通过此书，能够帮助年轻的服装设计师成长、成才，进一步为中国服装产业的升级与发展需要，培养出更多优秀的设计人才。

马建琳 丁香

2023 年 8 月

目录

01 时装画基础

1.1 时装画人体基础 ………………………… 008

1.1.1 时装画的人体比例……………………………008
1.1.2 头部与五官的基本比例……………………009
1.1.3 不同角度头部的表现………………………010
1.1.4 发型的表现…………………………………013
1.1.5 躯干的结构…………………………………021
1.1.6 上肢的结构…………………………………022
1.1.7 下肢的结构…………………………………024

1.2 时装画中的人体动态 …………………… 026

1.2.1 动态与重心的关系…………………………026
1.2.2 人体模板的使用……………………………027
1.2.3 时装画常用人体动态表现 …………………028
1.2.4 人体动态表现范例…………………………036

1.3 服装的表现与人体着装 ………………… 040

1.3.1 人体与服装的关系…………………………040
1.3.2 褶皱的表现…………………………………043
1.3.3 着装表现步骤详解…………………………044

02 马克笔时装画的基础技法

2.1 马克笔的工具选择 ……………………… 050

2.1.1 马克笔的种类………………………………050
2.1.2 辅助工具 …………………………………051
2.1.3 纸张的选择…………………………………053

2.2 马克笔的基础技法 ……………………… 054

2.2.1 马克笔的笔触………………………………054
2.2.2 马克笔的着色………………………………055
2.2.3 轮廓线的处理………………………………055

2.3 马克笔时装画的不同表现方法详解… 056

2.3.1 勾线着色法…………………………………056
2.3.2 层叠淡彩法…………………………………062
2.3.3 省略简化法…………………………………068

2.4 用马克笔表现双人组合时装画……… 074

2.4.1 双人组合时装画表现步骤详解 ……………074
2.4.2 双人组合时装画表现案例赏析 ……………079

03 用马克笔表现服装款式

3.1 用马克笔表现西服 ……………………… 084

3.1.1 西服表现步骤详解…………………………084
3.1.2 西服表现案例赏析…………………………088

3.2 用马克笔表现连衣裙 …………………… 090

3.2.1 连衣裙表现步骤详解………………………090
3.2.2 连衣裙表现案例赏析………………………094

3.3 用马克笔表现衬衣 ……………………… 096

3.3.1 衬衣表现步骤详解…………………………096
3.3.2 衬衣表现案例赏析…………………………098

3.4 用马克笔表现外套 ……………………… 100

3.4.1 外套表现步骤详解…………………………100
3.4.2 外套表现案例赏析…………………………103

3.5 用马克笔表现夹克 ························ 104
3.5.1 夹克表现步骤详解 ························ 104
3.5.2 夹克表现案例赏析 ························ 107

3.6 用马克笔表现裤装 ························ 108
3.6.1 裤装表现步骤详解 ························ 108
3.6.2 裤装表现案例赏析 ························ 112

3.7 用马克笔表现半裙 ························ 114
3.7.1 半裙表现步骤详解 ························ 114
3.7.2 半裙表现案例赏析 ························ 117

3.8 用马克笔表现礼服 ························ 118
3.8.1 礼服表现步骤详解 ························ 118
3.8.2 礼服表现案例赏析 ························ 121

04 用马克笔表现面料材质

4.1 薄纱的表现 ························ 126
4.1.1 薄纱表现步骤详解 ························ 126
4.1.2 薄纱表现案例赏析 ························ 129

4.2 绸缎的表现 ························ 132
4.2.1 绸缎表现步骤详解 ························ 132
4.2.2 绸缎表现案例赏析 ························ 137

4.3 格纹的表现 ························ 138
4.3.1 格纹表现步骤详解 ························ 138
4.3.2 格纹表现案例赏析 ························ 144

4.4 皮革的表现 ························ 146
4.4.1 皮革表现步骤详解 ························ 146
4.4.2 皮革表现案例赏析 ························ 149

4.5 金属光泽面料的表现 ························ 150
4.5.1 金属光泽面料表现步骤详解 ························ 150
4.5.2 金属光泽面料表现案例赏析 ························ 153

4.6 羽绒面料的表现 ························ 154
4.6.1 羽绒面料表现步骤详解 ························ 154
4.6.2 羽绒面料表现案例赏析 ························ 159

4.7 蕾丝的表现 ························ 160
4.7.1 蕾丝表现步骤详解 ························ 160
4.7.2 蕾丝表现案例赏析 ························ 165

4.8 印花的表现 ························ 166
4.8.1 印花表现步骤详解 ························ 166
4.8.2 印花表现案例赏析 ························ 169

4.9 针织面料的表现 ························ 170
4.9.1 针织面料表现步骤详解 ························ 170
4.9.2 针织面料表现案例赏析 ························ 175

4.10 皮草的表现 ························ 178
4.10.1 皮草表现步骤详解 ························ 178
4.10.2 皮草表现案例赏析 ························ 182

附录　时装画临摹范本 ························ 184

01 时装画基础

1.1 时装画人体基础

时装画的主要目的是表现人体着装效果，不论服装款式如何变化，时装画采用何种风格，人体都是时装画的“骨架”，没有准确、适合的人体作为支撑，服装款式的结构与造型就无所依托。反之，结构准确、比例协调的人体能更好地烘托服装设计作品，更为清晰地传达出创作意图。

相较于现实的人体，时装画中的人体是审美理想化的人体，需要在现实人体的基础上进行适当的夸张变形，获取视觉上的美感。

1.1.1 时装画的人体比例

头身比是指将头部的长度（从头顶到下颏，不含头发厚度）或宽度作为衡量身体各部分尺寸的标准单位。8.5 头身的比例关系是时装画中较为常用的比例，即以腰线为人体分割线，上下半身比例接近黄金分割，使人体显得体态匀称、比例修长，适合展示各种款式造型的服装。8.5 头身的比例具有较广范的可调节范围：如果想要表现成衣，可以采用 8 头身的比例关系；如果想要表现较为夸张的礼服或创意类时装，可以采用 9 头身或 9.5 头身的比例关系。这几种较为常用的头身比，都维持了上半身三个头长的比例，只需要调整下半身的长度。但是，头身比一旦超过了 10 头身，上半身就要有相应的变化。

时装画中，女人体和男人体在长度比例上基本一致，只是在局部细节上略有不同，比较明显的是腰线位置（女性腰线略高于男性）。男女体型最大的不同是在肩臀的宽度比例上：女性的臀部宽度略大于肩宽，使女人体呈现出削肩丰臀的沙漏形体型；男性的肩宽大于臀部宽度，使男人体呈现出宽肩窄臀的倒三角形体型。此外，男性骨骼粗壮、肌肉发达，关节也更为凸出，在绘制时要注意表现出男女人体的不同之处。

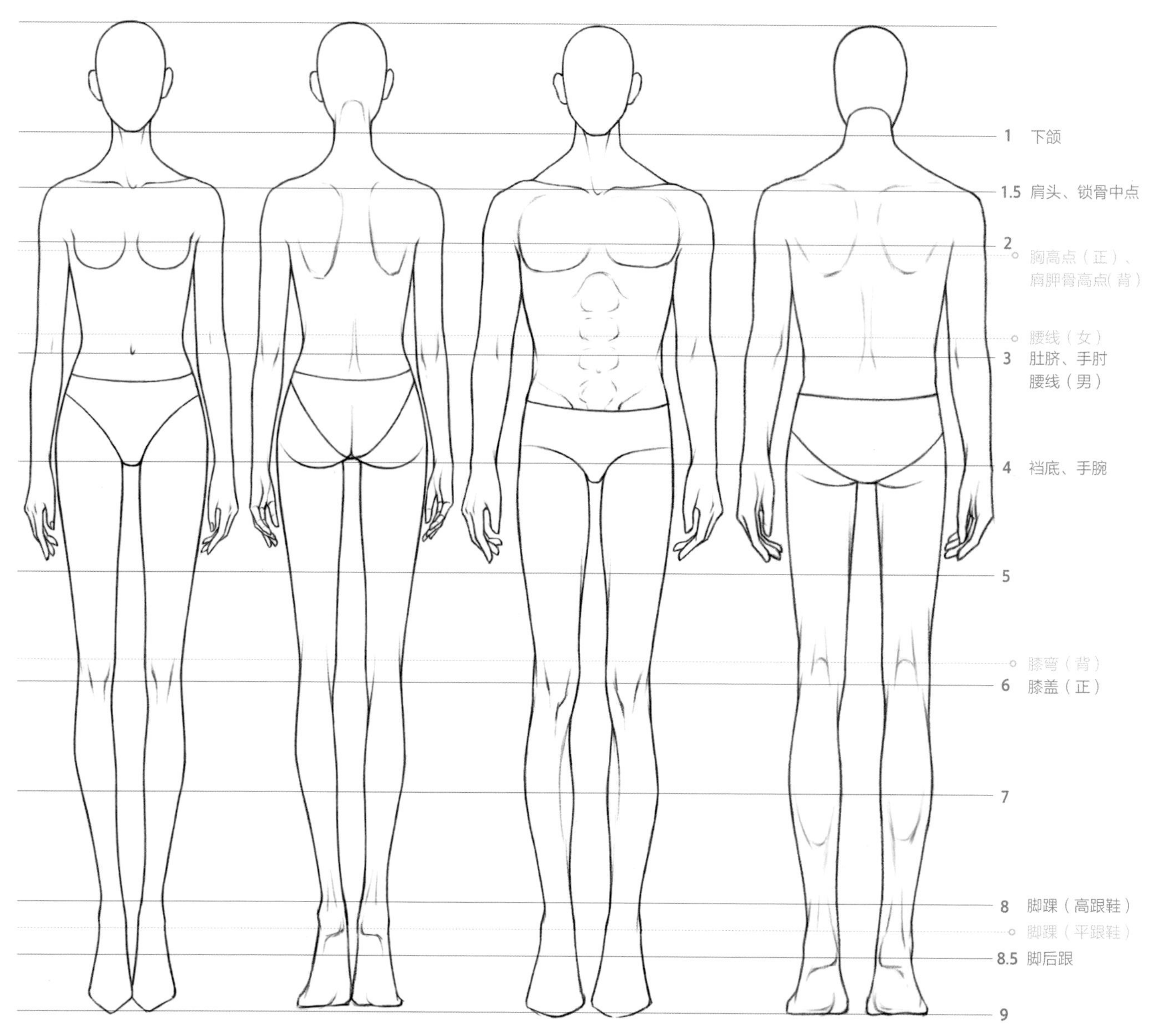

○ 时装画男女人体基本比例

1.1.2 头部与五官的基本比例

时装画中，人物头部的表现能够体现出模特的气质，也可以将观赏者的注意力吸引到画作之上，再搭配发型和妆容，甚至能成为视觉焦点。

绘制头部，首先要了解头部的比例结构以及五官在面部的分布。正面头部的长宽比例为3∶2，呈上大下小的卵形，五官以眉心、鼻中隔中点、唇凸点和下颌中点的连线为中心线，左右对称分布。

"三庭五眼"概括了五官分布的位置和比例关系。"三庭"指从发际线到眉弓、从眉弓到鼻底、从鼻底到下巴这三部分距离相等。"五眼"是指头宽1/2处可以划分为五等分，两眼的长度各占1/5，两眼之间的距离为一个眼睛的长度。有了基本的比例框架，就便于准确、快速地确定五官的位置和比例关系。

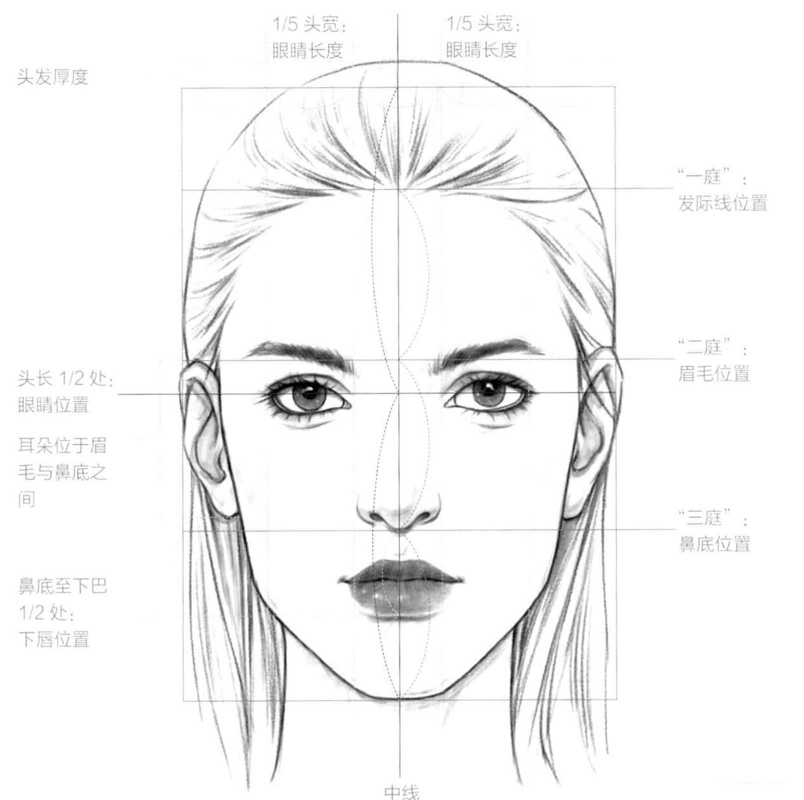

○ 女性头部与五官的基本比例

在确定头部长宽比例时，要去掉头发的厚度，从头顶（紧贴头骨）开始计量。还要注意：三庭是从发际线开始计量，而非从头顶开始。女性面部线条柔和，眉毛秀气、鼻子小巧、嘴唇饱满，脖颈纤细。在绘制时，可以适当强调或夸张眼睛和嘴唇，弱化鼻子，使面部显得干净秀气。

○ 男性头部与五官的基本比例

与女性相比，男性面部在结构与比例上没有太大变化，但要注意造型上的细微差别：男性面部线条硬朗，鼻梁挺直，眼睛与女性相比较为细窄，眉毛浓密，下巴方正；在绘制时要强调眉弓与鼻梁的立体感，突出颧骨、额角和下颌角的转折处。此外，男性的脖颈也较为粗壮。

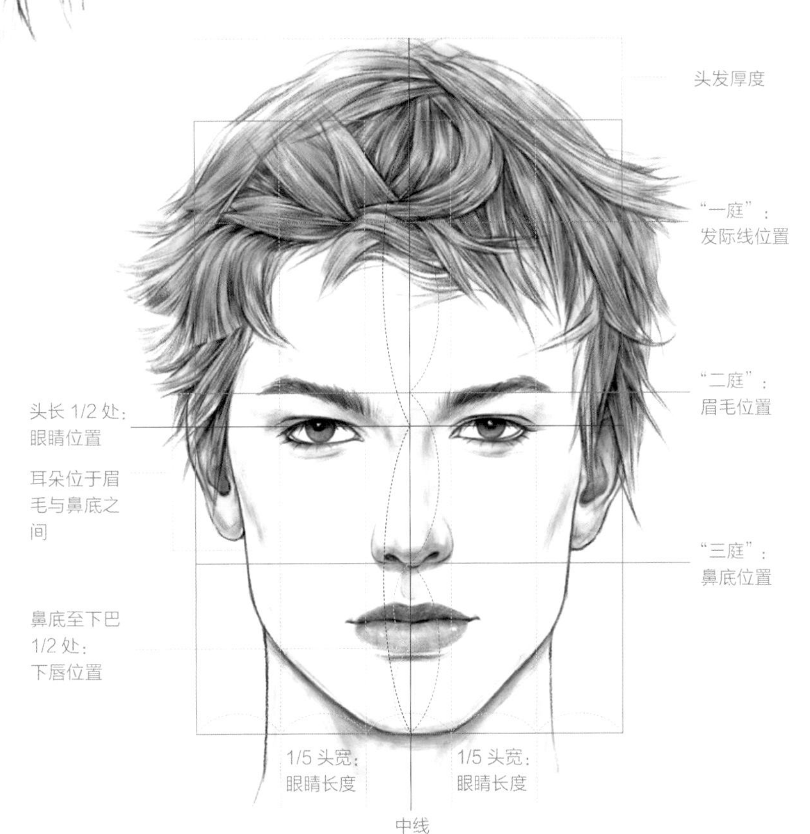

1.1.3 不同角度头部的表现

正面的头部，中线左右完全对称，随着头部的侧转，面部与后脑的比例关系逐渐变化，中线也随之产生相应的变化，透视使五官产生的变形和五官间的相互遮挡会增加绘制的难度。不论绘制何种侧转角度的头部，都要先找准中线，并在视觉上保持面部及五官的对称感。头部转到正侧面，虽然五官仍会有透视变形，但因为不用考虑对称性，绘制难度会适当降低。

正面头部的绘制

Step 01 用长线条起稿。正面的头部长度与宽度比例接近 3 : 2，整体外观呈卵形，头顶弧度较为平缓，两侧线条平直一些，下半部分逐渐向内收尖。绘制出面部中线，再在整个头长的 1/2 处标记出眼睛的位置。确定发际线的位置，头顶的头发要表现出一定的厚度。

Step 02 根据“三庭五眼”的辅助线确定五官位置，案例中头部稍有倾斜，头部中线也略微倾斜，但五官仍然以中线左右对称。除了最基本的辅助线外，还可以绘制其他辅助线来精确定位五官：如从耳朵上缘向中线下端引出的斜线，可以帮助我们确定嘴的宽度。

Step 03 细化五官结构，用柔和的曲线整理五官的轮廓，绘制出上下眼睑、眼珠、鼻翼、耳廓等细节。对头发大致进行分组，细化耳饰。

擦除辅助线，留下清晰干净的线稿。用短线条沿眉弓走向排列出眉毛，加深上下眼睑轮廓，表现出上下眼睑的厚度，添加眼睫毛。根据头发走向绘制出发丝细节。

Step 05 加重眼窝的阴影、眼眶的暗部、鼻梁正面和侧面及底面的交界线，以强调五官的立体感。绘制眼珠和嘴唇的细节，使面部更为生动。绘制头发的明暗关系，保持头顶球体的体积，披散的头发要表现出层次感。

3/4 侧面头部的绘制

Step 01

用长线条起稿，3/4 侧面的头部会产生明显的透视，要根据侧转的角度找准中轴透视线。面部的线条较为平直，后脑线条较为饱满。头顶部分被帽子遮挡，要找准帽子和头顶的关系：帽圈扣合头部，帽顶部分要包裹住头顶并留出适当的松量。

Step 02

根据中轴透视线，作出五官的辅助线，对五官进行定位。标示出五官的轮廓，受透视影响，左右五官不再对称，尤其是右侧五官会因为侧转产生一定的变形，右侧外眼角、鼻翼和嘴角的位置和形状变化尤其明显。勾勒出肩部和领口的大致外形。

Step 03

细化五官结构，用明确、肯定的曲线整理五官造型。沿着眉弓的方向用短线条排列眉毛，两个眼珠要看向同一方向，眼睫毛的角度要和眼眶保持一致。头发进行分组，表现出前后层次。绘制帽子的细节，帽檐和帽圈的透视要和头部相同。翻折的前领造型自由，但后领处要贴合脖子。

Step 04

擦除辅助线，保持画面干净清爽。进一步添加饰品的细节：帽子绘制出拼接的结构线和辅件，同样要注意与头部透视保持一致；领子添加纽扣，纽扣根据领子的翻折起伏也会产生相应的透视。

Step 05

在眉弓下方、眼窝、眼眶、鼻侧面与鼻底面、颧骨下方等处叠加阴影，使五官更为立体。眼珠要表现出光泽感，来体现眼睛的神采。嘴唇除了绘制上下唇的颜色，还要强调唇中缝和嘴角，下唇适当留出高光。帽檐在额头上也会投下较为明显的阴影。头部在脖子上的阴影、头部颈部在头发上的投影，帽子上的投影也要一一绘制，塑造出整体的体积感。

正侧面头部的绘制

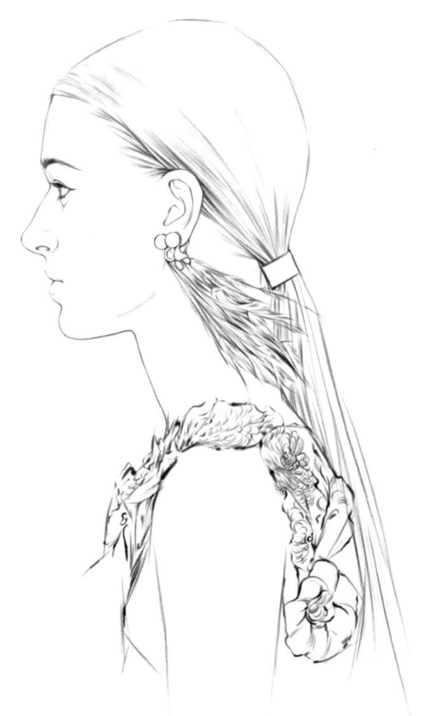

Step 01

用长线条起稿，正侧面头部的长度与宽度比例接近 1：1，后脑勺所占比重非常大。从鼻尖到下巴的面部外轮廓会呈现向内倾斜的趋势，从眉头到下眼睑也会呈现相应的倾斜度，同样倾斜的还有脖子。外眼角到耳朵的间距加大，下颌角的转折明显。眼睛和嘴唇的宽度大约只有正面的一半，鼻子也只能看见一侧的鼻翼。

Step 02

用连贯的曲线明确面部及头顶轮廓，绘制上下眼睑、嘴唇、耳轮耳屏等五官的细节，强调关键的转折处。整理发际线走向，将头发区分为头顶和马尾两大部分，勾勒耳饰和肩部服饰的大致轮廓，处理好脖子和肩头的关系。

Step 03

擦除辅助线，细化眉毛、睫毛等五官细节。细化发际线的层次，对头发进行大致的分组，要注意：头顶头发表现出头发的厚度以及头发包裹头部的体积感；马尾的发丝基本垂直向下，注意每绺头发的叠压关系。细化耳环和肩部饰品，通过细碎但有组织的短线条表现出羽毛及立体花的材质感。

Step 04

绘制大体的明暗关系，给眉弓下方、眼球暗部、鼻底面、唇中缝、唇沟、颧骨下方、下颌底面、耳廓内部添加阴影，鼻头、下颌线等处适当强调明暗交界线，表现出五官的立体感。更细致地梳理头发的走向，加重发际线处的阴影，头顶凸起处保证留白；马尾在细化发丝的同时也要保持圆柱体的体积感。刻画耳饰和肩部立体花的细节，尤其是要将立体花细小的层次区分出来。

Step 05

丰富色调层次，加大明暗对比，通过更加细腻、过渡更为自然的色调烘托面部和头发的立体感。耳饰添加更多的细节突出金属和羽毛的材质对比。增加灰色调，塑造肩部立体花的体积，并添加立体花在肩部的投影。提亮瞳孔高光，表现出眼睛的光泽感。在饰品上也添加高光，进一步凸显其材质。

1.1.4 发型的表现

发型能够衬托人物的气质，还能和服装形成整体造型，更好地传达设计师的设计理念。千变万化的发型可以分为两大部分：一是和头部发生关系、受头部球体结构影响的部分，这部分通常位于头顶部位；二是不受头部球体影响的部分，通常是发卷或发梢部分，形态自由。当然，也有少部分发型因为过于夸张的造型，完全掩盖了头部结构。此外，越是紧贴头部的发型，受头部球体的影响越大，如系扎马尾的头顶部分；反之，越是蓬松的发型受到的影响越小，如爆炸头。

短发的表现

短发的长度通常不会超过肩部，但在发型的多样性和绘制的难易程度上和长发并没有太大区别，只是因为大多数短发不会遮挡脖颈和肩部，因此在绘制时不需要考虑这部分的关系。同时，大多数短发不会系扎，受到外力影响产生的变化也相应较少。

□ 短直发的绘制步骤

Step 01 用长线条起稿，确定面部、头部和肩颈部的外轮廓。绘制辅助线，定位五官的位置。找准头顶的位置，勾勒出大致的发型，头顶呈现出饱满的圆球形，后脑勺发梢处线条平直。

Step 02 大致概括出五官的形状，添加太阳镜。太阳镜的透视要和面部透视保持一致，注意太阳镜对眉眼部分产生的遮挡。

Step 03 擦除参考线，用明确的线条整理面部轮廓，绘制出五官细节。根据发丝走向对头发进行分组。头顶的头发顺服地贴合头部，通过弧线表现出头顶球体的体积，耳后发丝下垂。头发别在耳后，因此额前和侧面的头发会向耳后聚拢。

Step 04 添加阴影，表现面部和五官的立体感，细化配饰。头发明确分缝线，细化分组，即便是顺服贴合头顶的发丝也会产生上下叠压关系。额前的一绺头发是从右往左包裹额头再别在耳后，需要适当进行强调。耳后头发堆积，因此头发叠压的层次感更明确，同时耳朵会在头发上产生投影，会进一步增加明暗对比。在细化头发时，额头和头顶受光处的发丝要保证留白。

Step 05 进一步加重每绺头发叠压处阴影深陷的部分，丰富层次变化。加重脖子在发梢上的投影，处理发梢的细节层次，刻画饰品和衣领，完成绘制。

□ 短卷发的绘制步骤

Step 01 用长线条起稿，绘制出面部、头发和肩颈的大致轮廓。用“十字线”定位，找准面部中线，确定五官透视。根据面部中线找出头发的分缝线。

Step 02 用辅助线确定五官的各部分比例和大致位置，保证眉心、鼻中隔中点、唇凸点和下巴中点都位于中线上，注意五官因侧转而产生的透视变化。

Step 03 绘制出五官细节，注意鼻梁对右侧内眼角的遮挡关系。为头发分组，卷发较为蓬松，因为分缝会在头顶形成两个凸起的高点。发卷形成S形的转折，将位于最上方的几绺头发轮廓勾勒出来。

Step 04 用明确的笔触整理线条，细化头发分组，将每一绺头发的走向和穿插关系整理清楚，区分出上下层次。在额前发际线处表现出头发的厚度，用流畅的笔触勾勒发梢的细节。

Step 05 擦除所有参考线，留下清晰、干净的线稿。

Step 06 根据每绺头发的走向绘制发丝细节，头顶和发绺凸起处留白，下层发绺受到上层发绺投影的影响，线条较为深重。在头发的外轮廓和发梢处绘制出飞散的发丝，表现出头发的蓬松感。细化眉毛，添加睫毛等细节。

Step 07 绘制虹膜和瞳孔，瞳孔留出高光，表现出眼珠的光泽度。在眼窝、上下眼睑暗部、鼻底面、唇沟、颧骨下方和下巴下方添加阴影，表现出面部和五官的立体感。塑造嘴唇的体积：上唇向内倾斜，颜色略深；下唇凸起，颜色略浅，并且留出高光；简略勾勒出牙齿。

Step 08 加重上层发绺的投影，与下层的发绺拉开层次。用更细腻的笔触添加过渡的中间层次，塑造出每绺发丝的体积感。进一步加深发绺间阴影死角的部分，使头发层次更加分明，光泽感更强。

长发的表现

与短发相比，不论是长卷发还是长直发，都需要用更为连贯的长线条来表现。初学者在表现长发时，往往会将断续的短线连接起来表现长发，这样显得线条凌乱、层次混杂。除了头顶要表现出球体结构的线条需要严谨一些，在绘制披散的发绺时不妨放轻松，用更随意流畅的长线条进行绘制。对于不受头部结构影响的发丝而言，线条长一些或短一些，弧度大一些或小一些，哪怕线条的形态不是特别准确，都无大碍，只要保持头发的整体造型，整理出发绺的层次即可。

□ 长卷发的绘制步骤

Step 01 用长线条勾勒出面部轮廓和头发的整体外观，绘制出面部中线和透视线，大致定位五官的位置。找准分缝线的位置，沿分缝线将头发分为左右两大部分。

Step 02 根据定位线绘制出五官细节。头部为轻微仰视，五官也会产生相应的透视。擦除定位线，留下清晰的线稿。

Step 03 细化头发分组。头顶部分根据分缝线向左右两侧绘制出包裹着头部的弧线，要注意表现出头发的厚度。披散的头发用波浪曲线表现发卷的起伏，右侧头发受到头部扭转的影响在肩头堆积较多，左侧头发较为顺直。发绺间要区分出上下主次关系，将主要发绺的走向和穿插关系交代清楚。

Step 04 添加面部阴影，表现出五官的立体感，着重刻画眼部和嘴唇，突显出女性的魅力。细化头发分组，添加飘散的细小发丝，整理发梢尖端的形状，表现出头发飘逸的质感。飘散的发丝要根据发绺的走向适当添加，数量不宜过多，以免发型显得凌乱。

Step 05 加重发丝的暗部区域和上层发卷的投影，拉开头发层次。发绺较长，有多处起伏变化，用两端收尖的笔触描绘亮面发丝的细节，使头发的明暗过渡更加自然。加重分缝线凹陷处、头饰下方、脸颊后方以及耳朵和脖子后方等区域，加强整体空间感。细化面部五官，完成绘制。

□ 长直发的绘制步骤

Step 01 用长线条概括出头部和发型的整体外轮廓，用十字线标记面部中线和眼睛位置，头发进行初步分组，区分出前后层次。

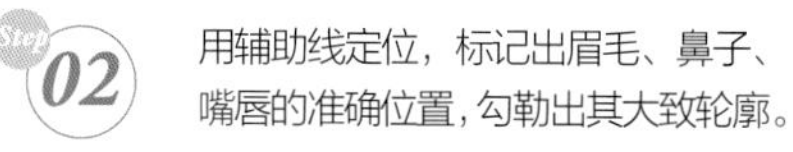

Step 02 用辅助线定位，标记出眉毛、鼻子、嘴唇的准确位置，勾勒出其大致轮廓。

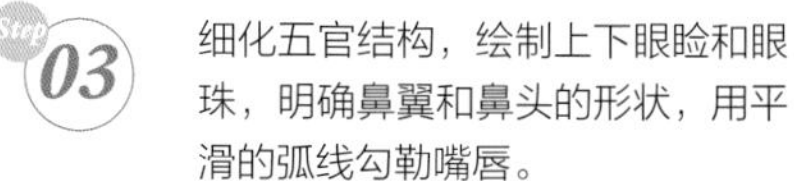

Step 03 细化五官结构，绘制上下眼睑和眼珠，明确鼻翼和鼻头的形状，用平滑的弧线勾勒嘴唇。

Step 04 绘制眉毛、睫毛等细节，加深瞳孔并留出高光。头顶头发因为分缝线呈现不同走向，用流畅的长线条顺着发丝走向细化头发分组。披散的头发虽然不如卷发的叠压关系复杂，但发绺仍然要注意宽窄长短的穿插。发梢尖端笔触收尖，形成自然消失的状态。添加饰品。

Step 05 擦除辅助线，留下干净整洁的线稿。

Step 06 进一步梳理发丝走向和层次关系，在增加细节的同时保证头顶球体的体积感和整体的前后层次，尤其是前侧头发和内侧头发的空间关系要拉开。添加飞散的发丝细节，使发型更为生动。给面部五官和饰品添加阴影，表现出立体感。

Step 07 整理每绺头发的细节形态并加重阴影死角的部分，使头发的层次更加丰富。描绘亮部发丝的细节，使头发的明暗过渡更加自然，表现出长直发飘逸柔顺的质感。

盘发的表现

与披散的发型相比，不论是发髻还是发辫，盘发有着更为清晰的造型，发绺间的叠压关系和层次也更加明确。在绘制时，可以将每一个小发髻都看作是一个半球体去处理其体积关系。如果盘发造型复杂，还要适当取舍，区分出前后、主次、虚实，以体现发型的整体空间感。

□ 花式盘发的绘制步骤

Step 01

绘制出面部五官和头发的大致轮廓。四分之三侧面的五官因头部侧转会产生较大透视，要先找准面部中线和五官的透视线。发型可初步分为三大部分：包裹头部的部分、后脑顶端的发髻和后脑下方被发饰包裹的部分。

根据辅助线绘制五官，内外眼角、鼻翼底端和嘴角要落在透视线上，发髻中点、鼻中隔中点和唇珠要落在面部中线上。右侧的五官因为透视会产生相应的变形。

擦除辅助线，用明确而流畅的线条明确五官细节。头顶的发丝用弧线表现，头顶凸起处留白，表现出球体的体积感。整理发际线，表现出发丝和皮肤的自然衔接。将头顶的发髻分组，勾勒出每一个小发髻的准确形状，区分出前后上下关系。后脑下方被发饰包裹的部分可以将其看作圆柱体，受褶皱影响轮廓线会产生凹凸起伏。

Step 04

表现发髻的体积感。每一个发髻都作为一个独立的半球体，根据发丝走向，从两端凹陷处向中间凸起处用笔，凹陷处笔触密集，凸起处留白，上方发髻会产生投影，投影处的笔触也较为密集。添加细碎的发丝，为端庄的盘发增加几分灵动感。

加重发丝的暗部区域，尤其是阴影死角的部分，强调发髻的体积感。从暗部到亮部需要添加中间层次进行过渡，表现发丝的柔顺度和光泽感。面部、五官及饰品添加阴影，表现出立体感。

□ 十字交叉发辫的绘制步骤

Step 01

起稿勾勒出头部、肩颈和胸腔的大关系。案例中模特头部略微低垂，头和身体向右侧转，要把握好透视关系。案例表现的发型虽然复杂，但第一部仍然是确定头发和头部的整体关系，头顶部分基本贴合头骨，留出适当的厚度；用长线条概括发辫的外轮廓，发辫细节虽然琐碎，但外轮廓相对整齐。

Step 02

根据透视线，确定五官的大致轮廓，因为低头的角度，横向透视线呈现向下弯曲的弧度，内外眼角、鼻翼底端和嘴角要落在横向的透视线上；发髻中点、鼻中隔中点和唇珠要落在面部中线上。右侧的五官因为侧转会产生相应的变形。

Step 03

擦除辅助线，用明确的弧线勾勒五官细节，用笔要有轻重变化，初步表现出五官的立体感；用短线条沿眉弓绘制出眉毛，留白表现出瞳孔的光泽感。用一块块的小方形将发辫进行分组，整理出纵横交叉的编织形式。发辫的编织有较强的规律性，但又不能过于死板僵硬，每个“方块”的大小、宽窄、长短需要有一定变化。

Step 04

根据头发走向绘制发丝，添加飞散的碎发。与花丝发辫相比，十字交叉发辫的体积感没有那么强，但是要耐心整理好每个发辫的上下叠压关系，可以通过强调阴影死角来区分小发辫的上下层次。上半部分的发辫轮廓和层次刻画得清晰一些，越到发梢部位，发辫的形状层次就越含混。飞散的发丝能使发型显得更生动自然，但是不能随意添加，要注意散发弯曲的方向和走势与发辫基本一致，并且越到发梢部位，碎发越短、越细碎。

Step 05

在眼窝、鼻根、鼻侧面、鼻底面、唇沟、额头侧面、颧骨下方、下巴以及脖子与下巴交界处添加阴影，表现五官立体感。细致勾勒眉毛与睫毛，进一步刻画眼珠，增加眼睛的神采；适当强调唇中缝，表现上下唇的体积感。用有变化的线条勾勒服装，表现出褶皱的起伏和工艺细节。最后调整画面整体关系，修饰细节，完成绘制。

男性发型的表现

男性发型和女性发型在表现方法上没有任何区别，只不过男性发型以短发为主，头发叠压和缠绕的情况会相对简单，搭配发饰的情况也较少。绘制男性发型时，同样要从整体入手，先找准头发和头部之间的关系，再确定发型的整体造型和大的层次，最后刻画发丝的细节。

□ 男性寸头的绘制步骤

Step 01 绘制出头颈肩的基本轮廓，男性的面部方正硬朗，可以用短直线来起稿。用“十字线”来定位五官的大致位置。

Step 02 绘制出五官的基本轮廓。案例表现的是正面的头部，五官左右对称，可以继续用短直线来塑形，表现出硬朗的男子气概。与女性相比，男性的眼睛和嘴可适当弱化，强调眉弓和鼻子。

Step 03 勾勒出发型的外轮廓，明确头发和额头的关系。寸头短发也有相应的厚度，要和头顶之间留出足够的空间。

Step 04 细化五官，绘制出五官明确的结构。用小短线表现短发，根据发丝的走向用笔：头顶处发丝呈放射状，额头两侧的头发从发际线向耳后用笔，额前的刘海向下覆盖在额头上。笔触要有适当的长短、疏密及角度上的变化，不能太过整齐均匀，以表现出头发的自然感。

Step 05 添加面部五官及脖颈的阴影。男性五官要尤其突出眉弓、鼻根、鼻底面的转折处，塑造出块面分明的体积感。眉毛也较女性更宽更粗。

Step 06 整理头发层次，确定每绺发丝的走向，梳理清楚每绺头发的前后、上下叠压关系，刻画发梢的细节。在细化的过程中，要保持住头顶、额头两侧、刘海等几部分大的分组，不要因为描绘大量繁复的小发绺而使发型显得凌乱。

Step 07 根据梳理好的关系进一步叠色，表现出头发的固有色，增强发绺的明暗对比，尤其是加强阴影死角的部分，丰富头发的层次。给服装铺出阴影，完成绘制。

□ 男性短卷发的绘制步骤

Step 01 起稿确定头、颈和肩的轮廓。案例头部有一定侧转，略微上仰，用“十字线”来找准头部及五官的透视和角度。

Step 02 进一步确定五官位置，绘制五官的大致轮廓。案例表现的是短卷发，每个发卷都有较强的体积感。先勾勒出发型的整体轮廓，再根据头发的生长方向对发卷进行大致分组。

Step 03 细化五官和领子，添加饰品。发卷在上一步的基础上梳理更为细节的发丝，刻画发梢的形态，注意发丝间的穿插关系。在添加细节时，要保持住上一步分组的大关系。

Step 04 用更为肯定连贯的线条强调每个发卷的暗部边缘，明确发卷的分组。轻轻标记出面部转折处的明暗交界线，如眼窝、鼻根、鼻侧面、下巴等处，以表现男性面部的棱角感。

Step 05 绘制初步的明暗关系，表现出面部及头发的立体感。男性五官重点强调眉弓和鼻梁的立体感。头发先要保证球体的大体积，头顶受光面大量留白，搭在额前的刘海和后脑部分整体处于背光面，可以先铺一层浅灰调。然后将每个发卷看作是一个小的半球体或圆柱体进行体积塑造。

Step 06 进一步塑造发卷的体积感，凸起处受光留白，凹陷或叠压处叠加暗部和阴影，顺着发丝生长的方向用笔，亮部和暗部需要用中间色进行自然柔和的过渡，以表现头发的光泽感。

Step 07 给面部添加更为细腻的中间色调，表现出皮肤温润的质感。为饰品和衣物添加阴影，完善画面细节。

1.1.5 躯干的结构

我们可以将躯干简化为一倒一正两个梯形体，上面的倒梯形体是由锁骨、胸骨和肋骨所构成的胸腔，下面的正梯形体是由盆骨所构成的盆腔，中间由脊柱相连。躯干的动态在很大程度上决定了人体的动态：人体处于直立状态时，胸腔和盆腔处于平行状态；在人体运动时，胸腔和盆腔通常向相反的方向运动，动态越大，两大体块间的扭转、挤压的程度就越大。

正面的躯干

表现正面躯干时，可以将肚脐作为圆心，胸腔和盆腔进行相应的摆动。两大体块可以只有其一产生运动，也可以同时向相同或相反方向运动。需要注意的是：如果胸腔或盆腔没有发生扭转，肩宽和大转子宽度在摆动时不会产生变化。此外，当躯干处于正面时，胸部应该被涵盖在胸腔以内。

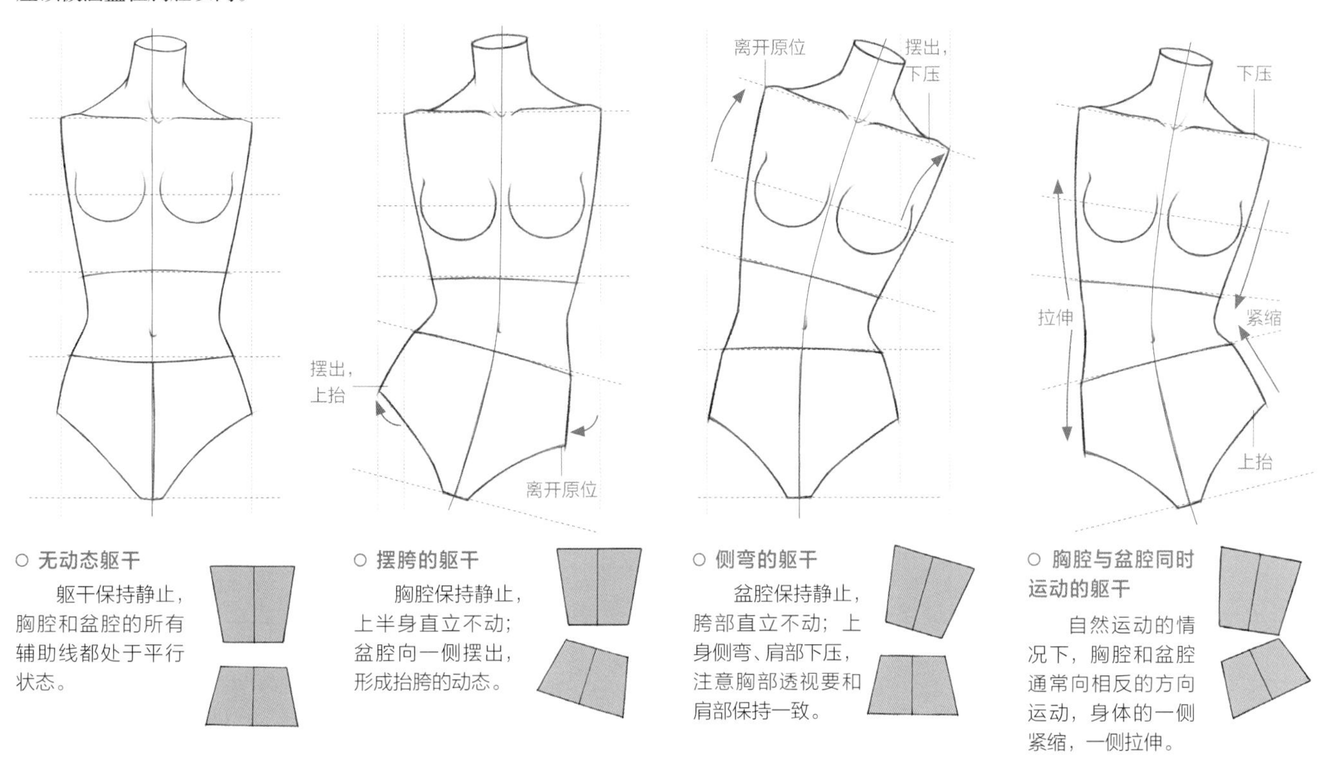

○ **无动态躯干**

躯干保持静止，胸腔和盆腔的所有辅助线都处于平行状态。

○ **摆胯的躯干**

胸腔保持静止，上半身直立不动；盆腔向一侧摆出，形成抬胯的动态。

○ **侧弯的躯干**

盆腔保持静止，胯部直立不动；上身侧弯、肩部下压，注意胸部透视要和肩部保持一致。

○ **胸腔与盆腔同时运动的躯干**

自然运动的情况下，胸腔和盆腔通常向相反的方向运动，身体的一侧紧缩，一侧拉伸。

侧转的躯干

正面躯干在运动时，胸腔和盆腔的左右轮廓线基本保持对称，主要靠腰部两侧线条的变化来联系两大体块。而躯干在侧转时，除了要表现出侧面的厚度，同时受到脊柱形态的影响，躯干前后两侧的形态差异非常明显：前侧线条较为平直，胸部挺出；后侧线条曲线鲜明，腰部凹陷尤其明显。如果躯干产生运动，胸腔和盆腔的摆动关系与正面躯干相同。

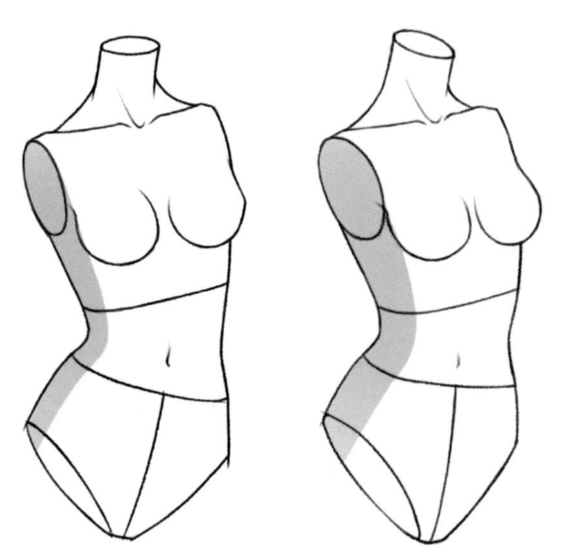

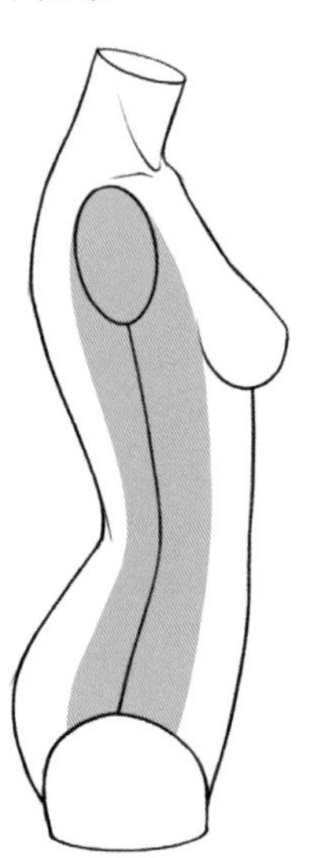

○ **不同角度前侧面躯干**

躯干侧转时，躯干侧面的厚度会随着侧转角度不同而有所变化，胸部的高度超出身体外轮廓线的程度也会相应变化。

○ **正侧面与背侧面的躯干**

躯干位于正侧面时，使躯干侧面厚度达到最大，躯干前后轮廓线的曲直对比也达到最大。躯干继续向背侧转动，胸部会被躯干遮挡，能看见肩胛骨的形状。

1.1.6 上肢的结构

时装画中，为了表现出理想化的人体，除了在整体比例上进行调整，在结构上也会进行简化，尤其是在表现四肢时，关节和肌肉的形状都会进行概括处理。在表现上肢时，为了使其显得修长纤细，锁骨和肩头的交界处、手臂的肌肉、肩关节和肘关节的形状、手背的起伏甚至是手指肚的形状都需要适当进行简化或变形。

手的结构

绘制手部时，首先要明确手掌和手指的比例关系，手掌占据了相当一部分比重，这是初学者容易忽略的部分。

可以将手掌看作是一个扁平的方块，手指看作是圆柱体，手指尖看作是锥形体。大拇指位于手掌侧面，有独立的运动范围；其余四指可以看作是一个整体。手指姿态在变化时，会以指关节为圆心，根据各指节的长度，呈现出弧线运动轨迹。

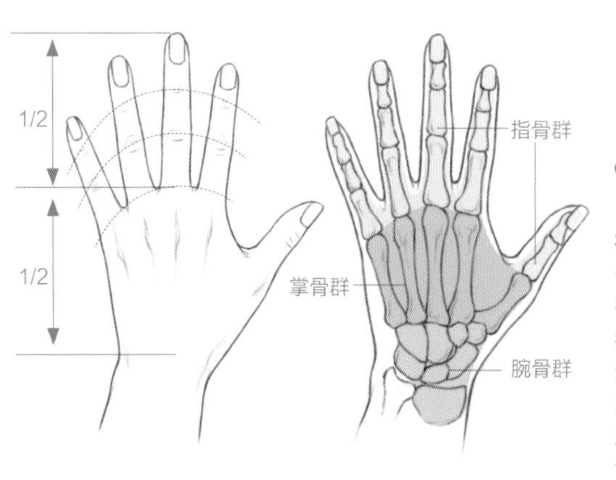

○ 手的结构和比例

整个手的长度为3/4头长，手掌和手指各占1/2。除大拇指外，每根手指两个关节，指关节呈弧线排列；大拇指只有一个关节。在时装画中，不论何种角度，手指部分都可以适当拉长。

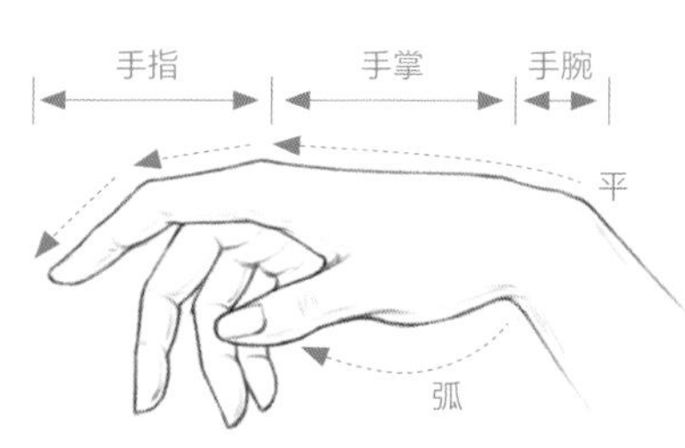

○ 侧面手的造型

手背的肌肉非常薄，手掌肌肉厚实，因此手背用顺直的线条来表现，而手掌部分用饱满的弧线来表现。为了使手指显得修长，手指肚的肌肉可以适当省略，只在指尖表现出指肚的弧度即可。如果是弯曲或紧握的动态，可以强调指关节的转折。

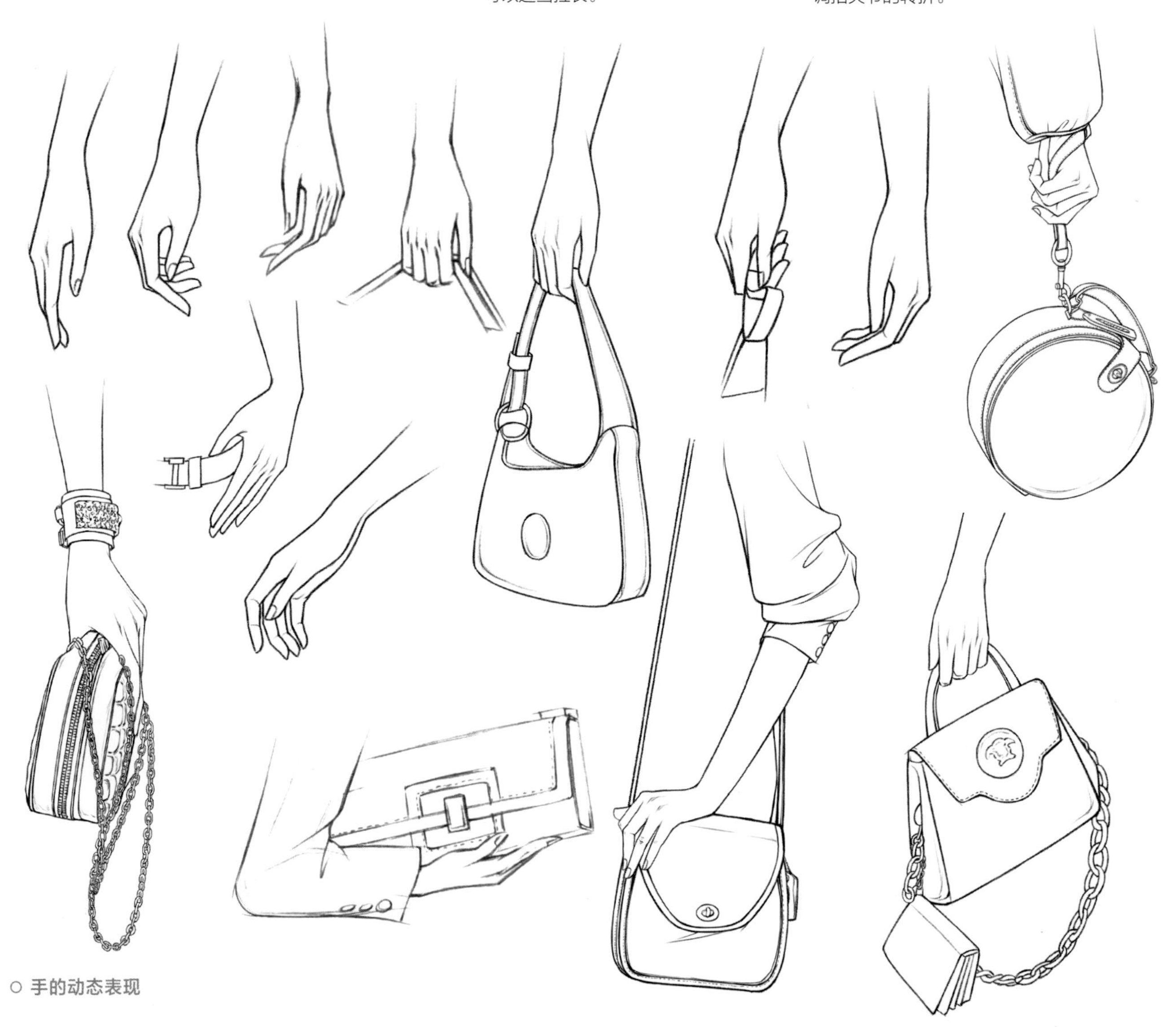

○ 手的动态表现

手臂的结构

手臂所涉及的关节，从上到下分为肩关节、肘关节与腕关节。肩关节上覆盖着三角肌，可以概括为半球体；肘关节在手臂弯曲时需要适当强调尺骨凸起，腕关节则要表现出尺骨茎突的凸起。

女性的上臂不论何种动态，都可以忽略肌肉的形状，简化为圆柱体，肌肉的形状可以忽略；而男性的肌肉更为明显，需要表现出肱二头肌的形状，手臂弯曲时肱三头肌的形状也可以适当强调。

不论男女，小臂可以适当表现出肱桡肌的形状，这块肌肉在小臂抬起的时候更为明显。

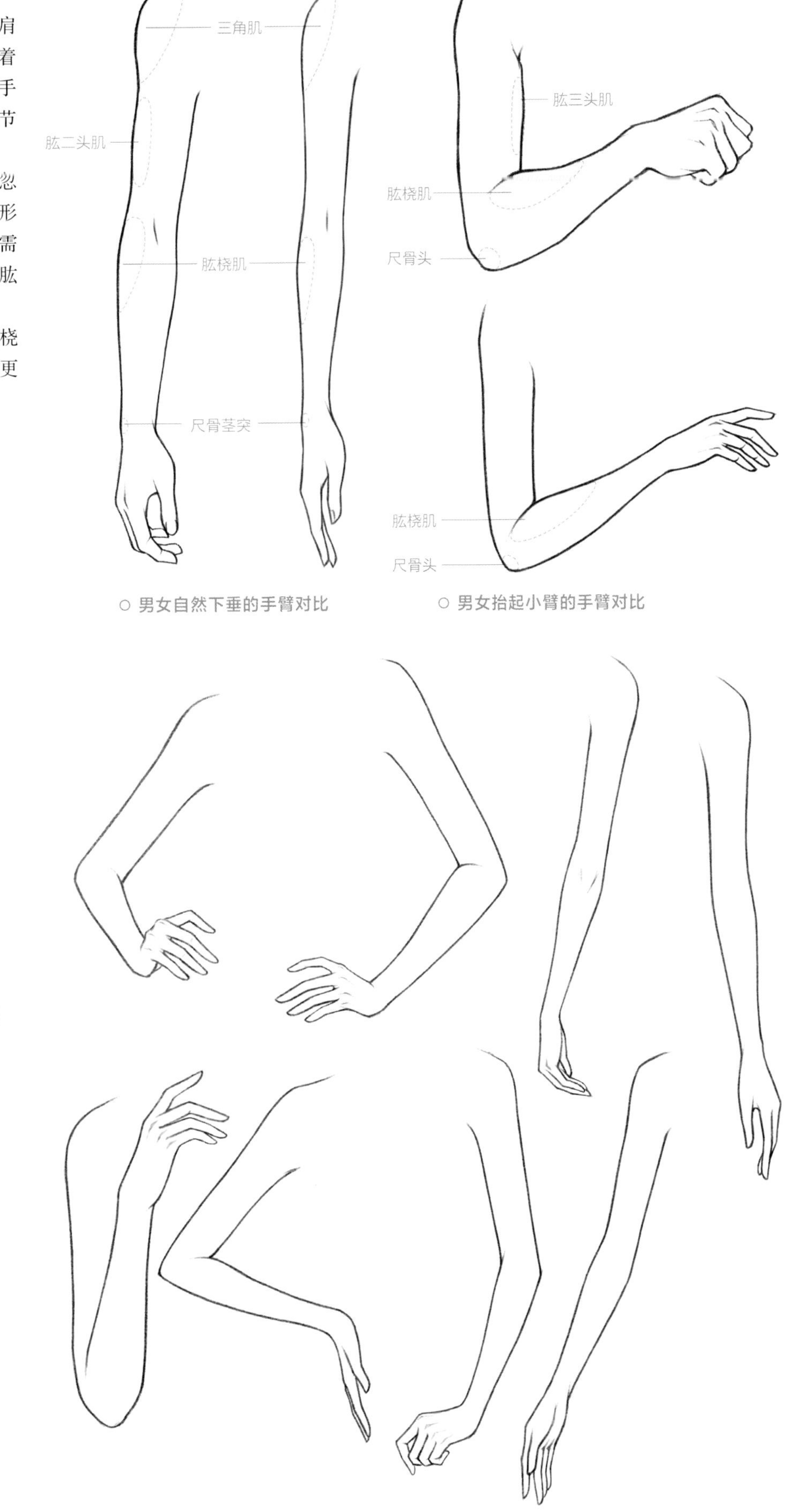

○ 男女自然下垂的手臂对比

○ 男女抬起小臂的手臂对比

○ 手臂的动态表现

1.1.7 下肢的结构

下肢要支撑身体的重量，因而骨骼和肌肉都比上肢更加粗壮，但与写实的人体相比，时装画中的下肢仍然显得纤细修长，因此同样要对关节和肌肉的形状进行简化与变形。

脚的结构

与手相比，脚掌更为厚实，脚趾更加粗短，动态变化也较少。为了站立稳定，脚掌具有足弓结构。大脚趾和其他四根脚趾的生长方向相对，因此脚尖顶点的位置靠近身体内侧，在表现时要与脚踝内高外低的结构相匹配。

时装画中很少有赤足的情况，脚上往往会穿鞋，鞋跟的高低会影响足弓的形态，从正面看时还产生透视。在绘制时，需要将脚和鞋看作是一个整体。

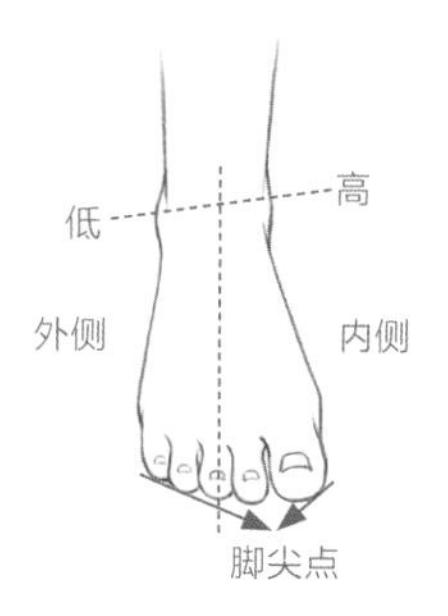

○ 正面脚的结构

脚趾形成的脚尖点和脚踝的内外方向要保持一致。

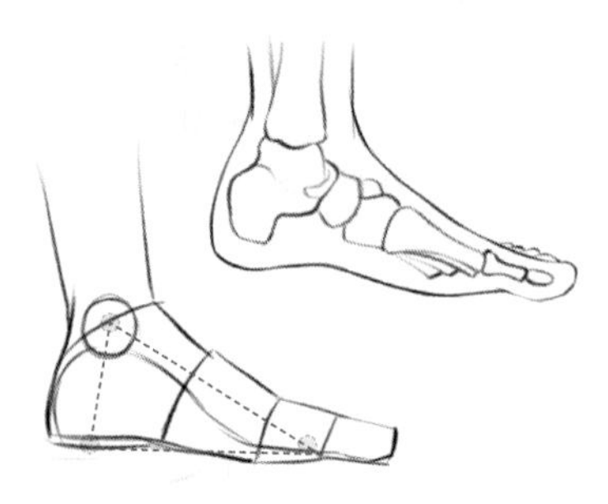

○ 侧面脚的结构

从侧面看，脚踝、脚后跟重点和前脚掌形成一个稳定的三角形。

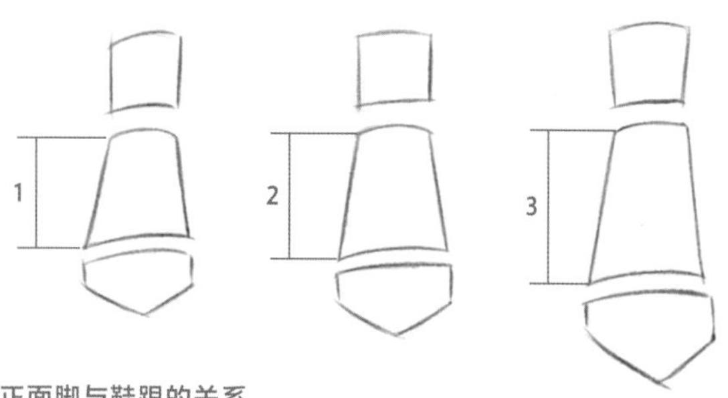

○ 正面脚与鞋跟的关系

鞋跟越低，脚背的长度越短，脚掌的前后宽窄差距会越大；鞋跟越高，脚背的长度越长，脚掌前后差距不大。

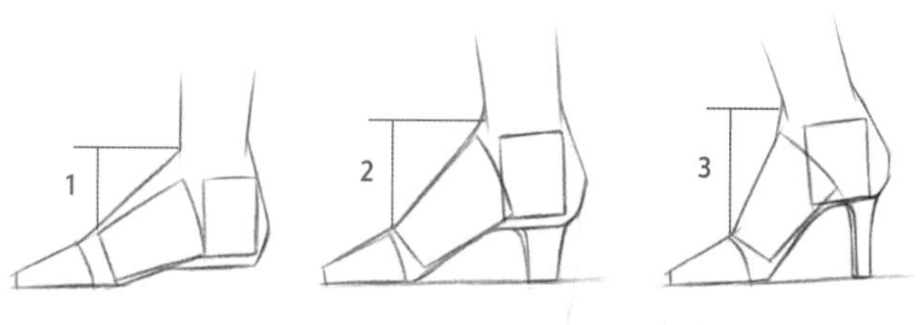

○ 侧面脚与鞋跟的关系

鞋跟越低，脚背和脚弓的曲线越平直；鞋跟越高，脚背越加绷紧，脚背和脚弓的弧度越大。

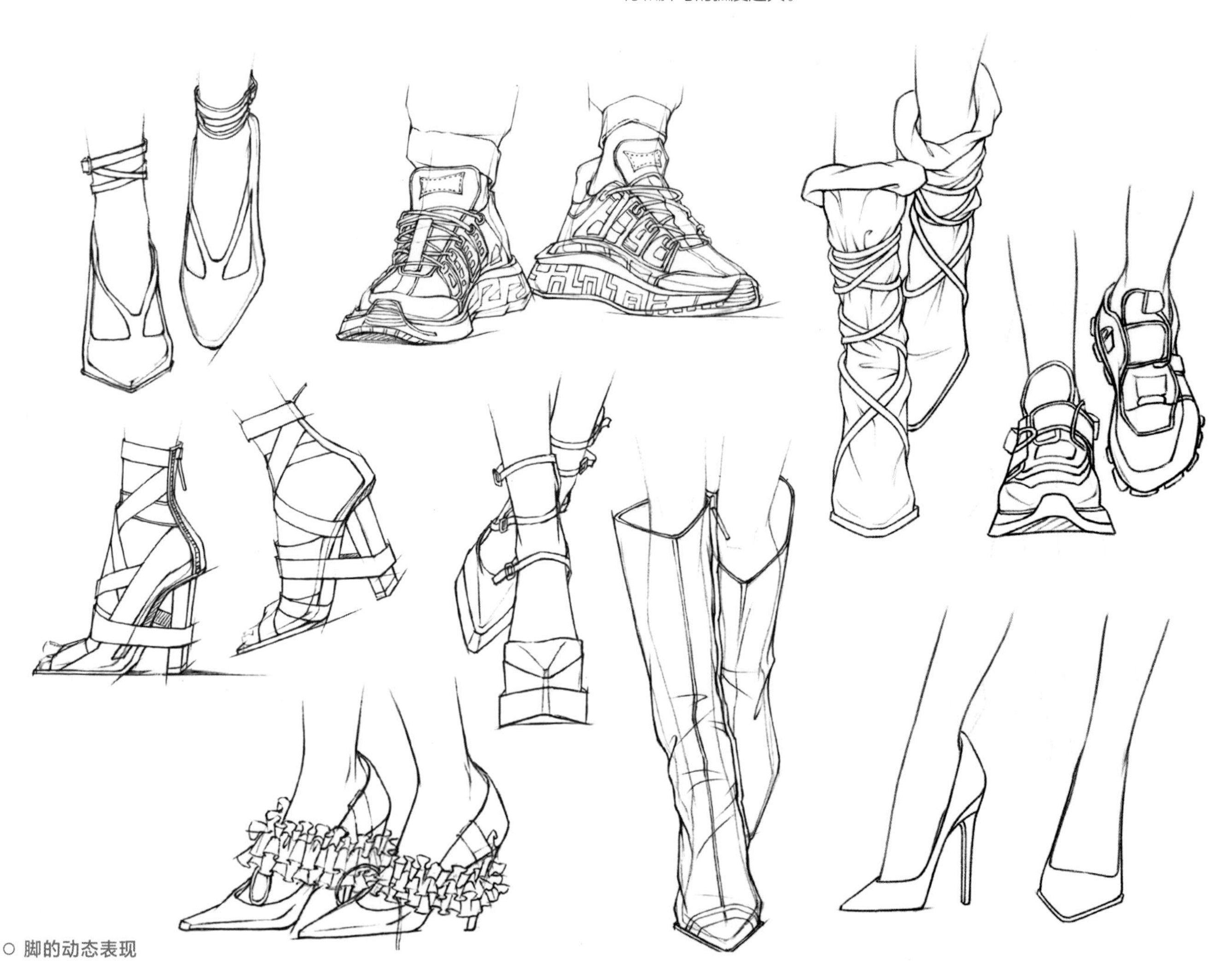

○ 脚的动态表现

腿的结构

腿部所涉及的关节从上到下分别为髋关节（俗称大转子）、膝关节和踝关节。

由于男女体型的不同，髋关节处是女人体宽度最大的地方，这是因为女人体会弱化大腿的肌肉，大腿的侧面线条平顺；而男人体则会在大腿外侧表现出轻微的肌肉弧度。女人体会将膝盖适当变形，膝盖头适当缩小，弱化凸起；男人体则会强调膝关节。但不论是女人体还是男人体，正面膝盖最凸起处的位置都会高于背面膝窝最凹陷处。绘制小腿时，女人体重点找小腿肚（腓肠肌）最凸起处，曲线圆顺；而男人体则要表现出块状的肌肉，尤其是背面，可以将腓肠肌的形状表现得比较完整。

此外，在行走时，男女人体腿部的动态特点也有所不同，这是表现男女两性区别的关键。

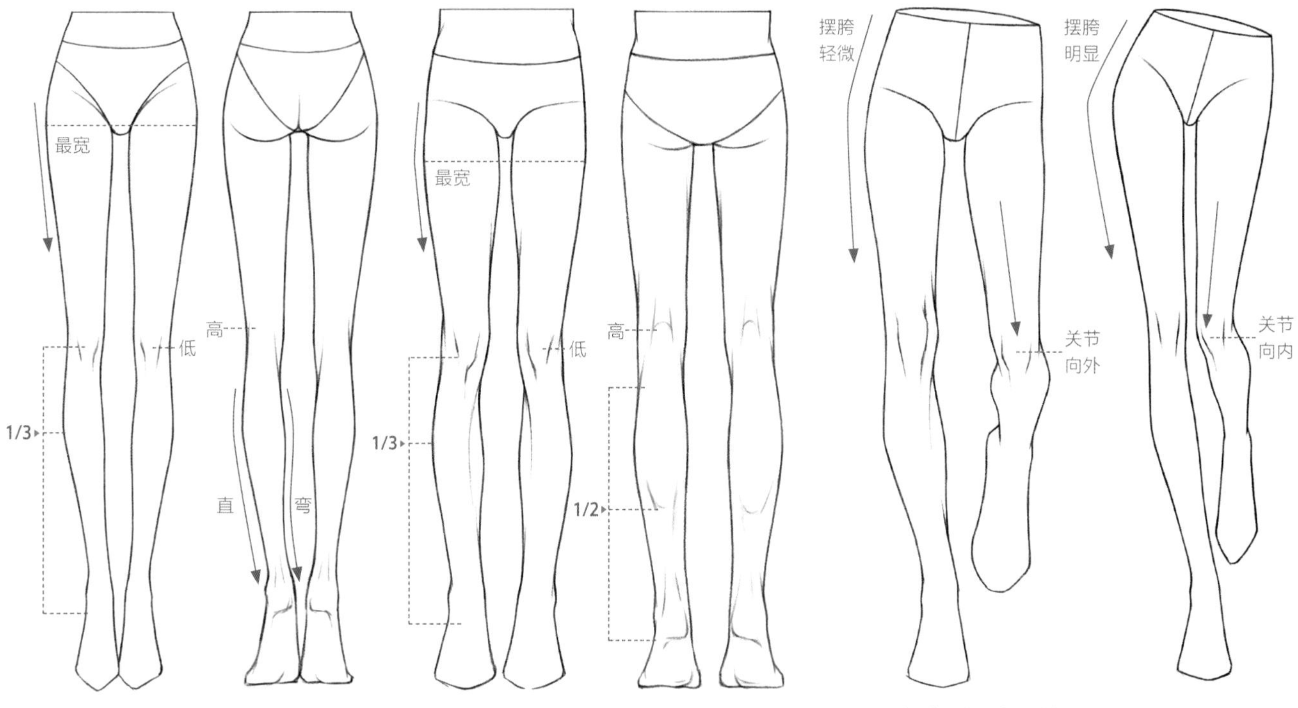

○ **正背面腿的结构**

大腿两侧的曲线较为平顺，但小腿的曲线弧度明显，这是因为小腿上腓肠肌是两块并排的肌肉。现实中，小腿内外两侧的曲线基本一致，但在时装画中，为了让小腿的线条更为修长，小腿外侧曲线较为饱满，内侧曲线则在接近脚踝处会有明显的凹陷。

○ **行走时男女腿部的差异**

男女行走时下半身动态的差异除了摆胯弧度外，还有膝关节的朝向：男性膝关节向外打开，表现出动态大开大合；女性膝关节向内收拢，更能体现优雅的曲线。

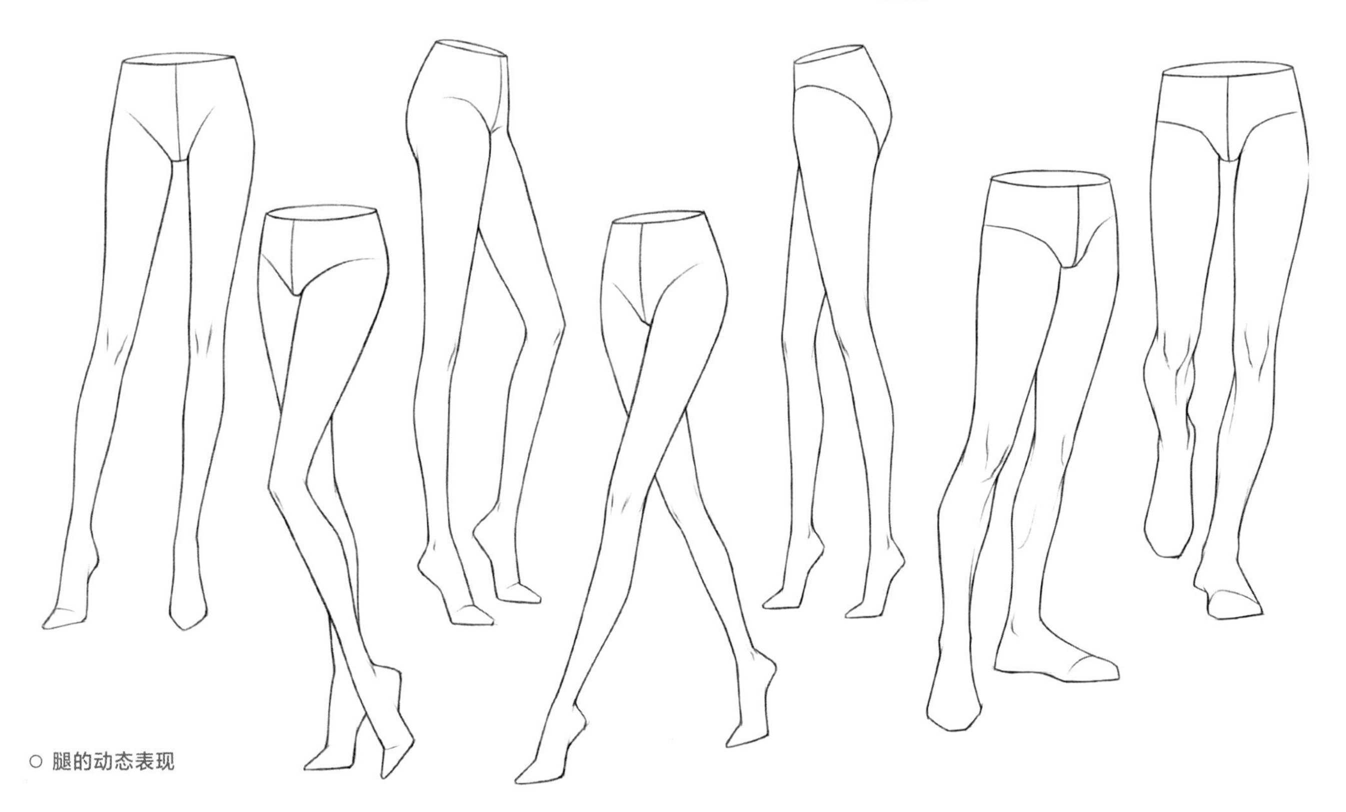

○ **腿的动态表现**

1.2 时装画中的人体动态

时装画中人体的动态变化是为了更好地展示服装，突显服装的设计要点，使着装效果更为生动。时装画根据分类不同，目的性也有一定的差异：如果是商业时尚插画或是广告宣传画，为了让画面更具张力或感染力，会采用透视较大或运动幅度较大的动态；如果是为了展示服装设计效果的时装效果图或时装设计手稿，通常会采用运动幅度不太大的站姿或较为自然的走姿，避免人体透视或肢体遮挡对服装的表现产生影响。本小节的案例主要以第二种类型的动态为主展开讲解。

1.2.1 动态与重心的关系

人体在做出各种动态时，身体各部分会分别受力，这些力的合力作用点就是人体的重心。换句话说，人体在运动时，身体各部分需要相互协调，才能保持动态的稳定。在绘制人体时，可以借助重心线来检查人体重心是否稳定。重心线是通过重心引向地面的垂线。在现实中，人体静立时重心应位于肚脐附近；在绘制时装画时，可以忽略现实中的重心，而从锁骨中点引出一条垂直线作为重心线。通常，当两条腿同时支撑身体重量时，重心线落在两腿形成的支撑面上；当一条腿主要支撑身体重量时，重心线落在支撑腿上或支撑腿附近。

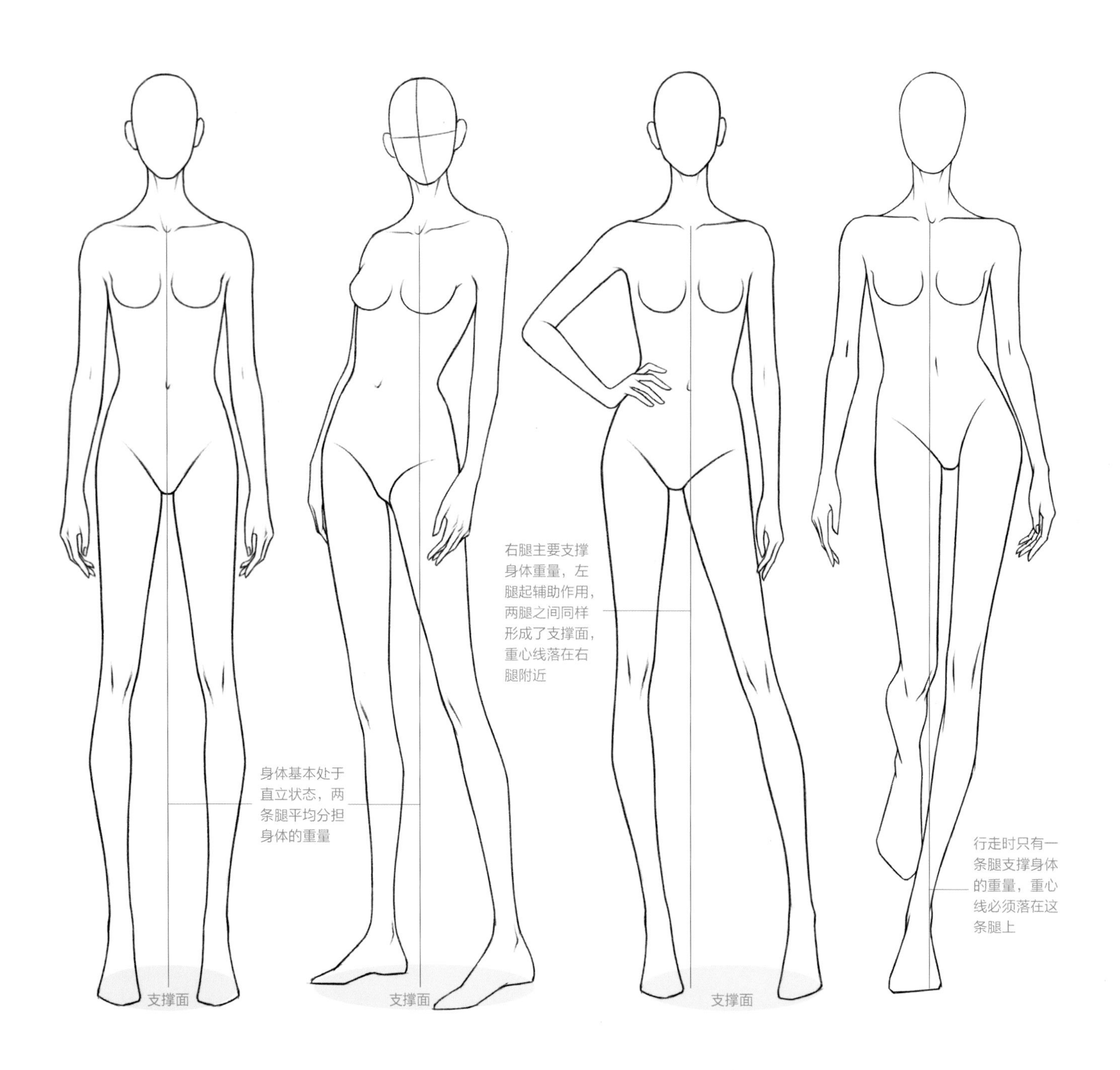

○ 动态与重心关系示意图

1.2.2 人体模板的使用

人体动态虽然多变，但是适合展示服装的常用动态变化并不复杂。对初学者而言，使用人体模板能够快速准确地绘制出不同的动态。作为动态基础的人体模板需要处理好体块关系，保持重心稳定、四肢舒展并且没有对身体形成过于明显的遮挡。人体模板可以快速产生一系列动态，帮助初学者提高学习效率；甚至专业设计师在工作中也会大量使用人体模板，避免重复性劳动。

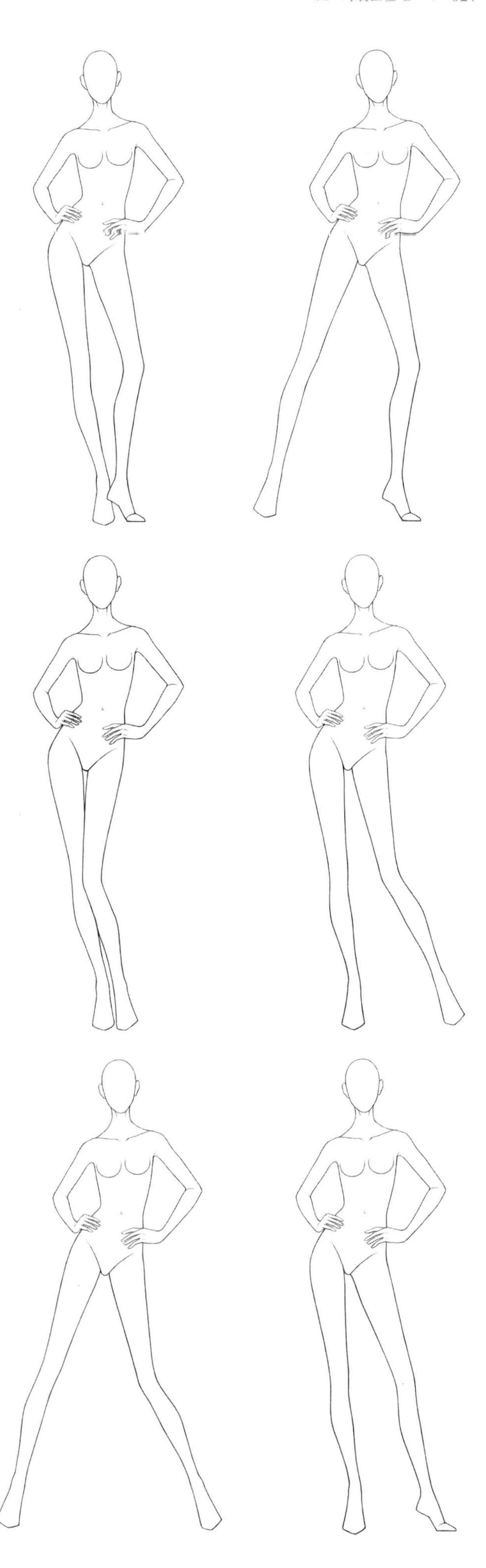

○ 通过人体模板进行动态的变化

肩部的倾斜和胸腔的侧转决定了重心线的位置，一旦重心线确定，腿部的运动范围就会受到限制——不论腿部动态如何变化，都需要保持重心的稳定。

1.2.3 时装画常用人体动态表现

扫描二维码，
查看教学视频

不论男女，在绘制人体动态时要从整体入手：先确定头部和胸腔的位置，绘制出重心线；再确定胸腔和盆腔的关系，明确动作幅度；接着根据胸腔确定上肢的透视关系，根据盆腔确定下肢的透视关系，定位好四肢关节的位置；最后再绘制肌肉、关节等细节。一定要先将大关系设定准确，否则无论怎样添加细节都是徒劳无功。

女人体动态

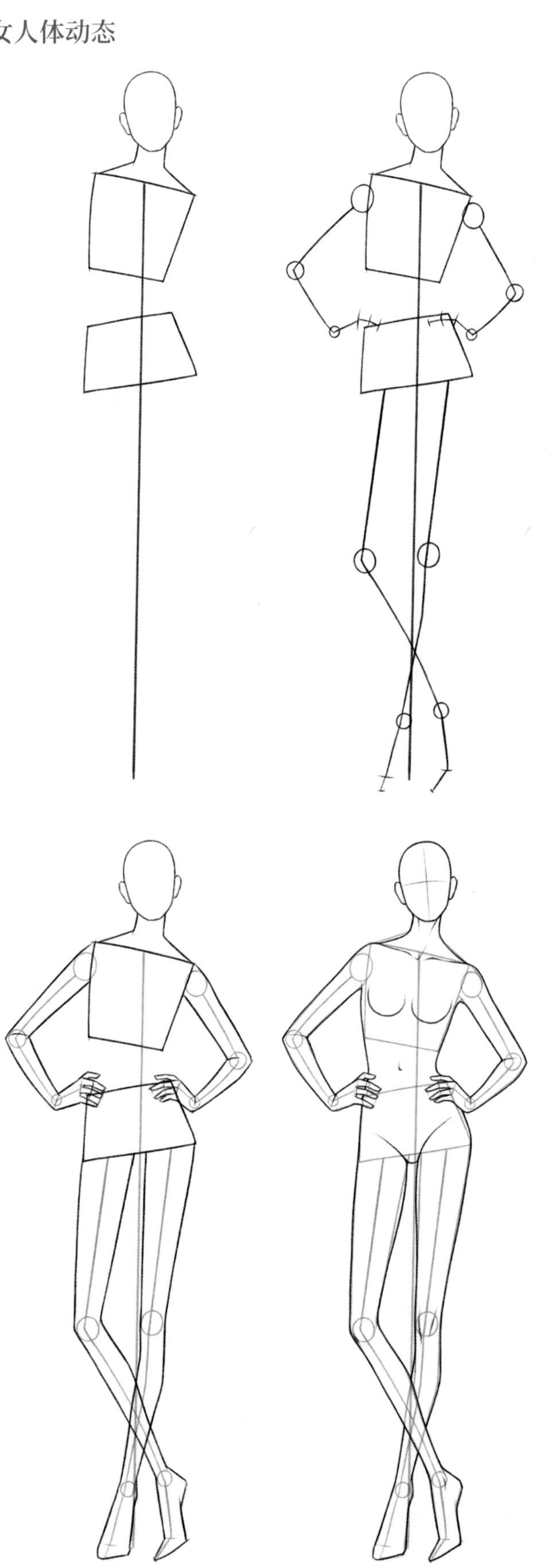

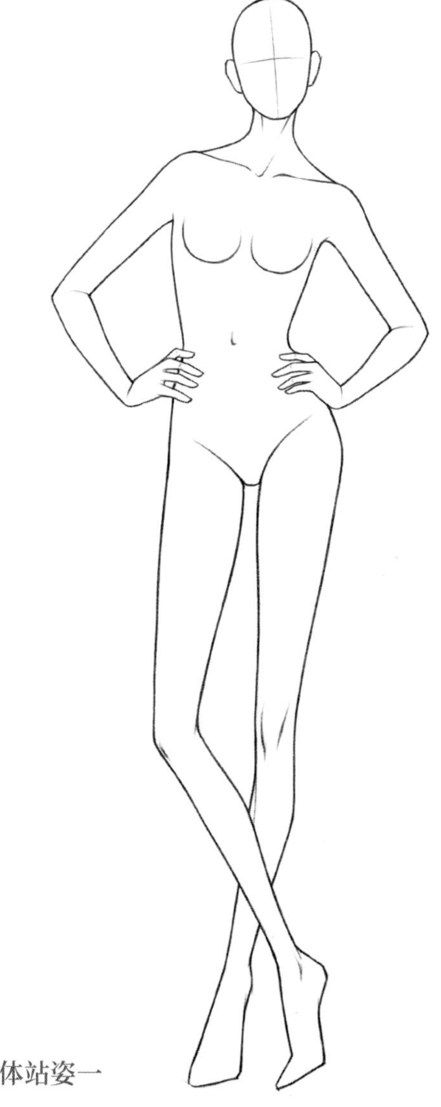

□ 女人体站姿一

Step 01 先确定头、颈、肩的关系，根据肩线绘制出胸腔的倒梯形体。确定锁骨中点，引出重心线。根据胸腔确定盆腔的位置：案例展示的动态上身向左倾斜，左肩下压；盆腔向反方向运动，胯部向左上方抬起。

Step 02 用直线和圆球体标示出四肢和关节。模特双手叉腰，由于左手臂略向后摆，根据近大远小的透视，右手臂较左手臂略长。模特双腿交叉站立，左腿主要支撑身体重量，更靠近重心线。

Step 03 大致概括出四肢的轮廓，表现四肢肌肉的轮廓曲线。绘制出手脚等局部结构：双手叉腰，手掌和手指间会产生较大透视；两脚一正一侧，左脚掌同样要注意前后透视，右脚要表现出足弓的弧度和脚后跟的厚度。

Step 04 用连贯圆顺的曲线完善人体的轮廓，绘制出胸部和裆底的具体形态，胸部透视与肩线保持一致，裆底腹股沟的透视和大转子连线保持一致。细化肩关节和膝关节的结构，添加锁骨、肚脐等细节。

Step 05 清除辅助线，调整细节，完成绘制。

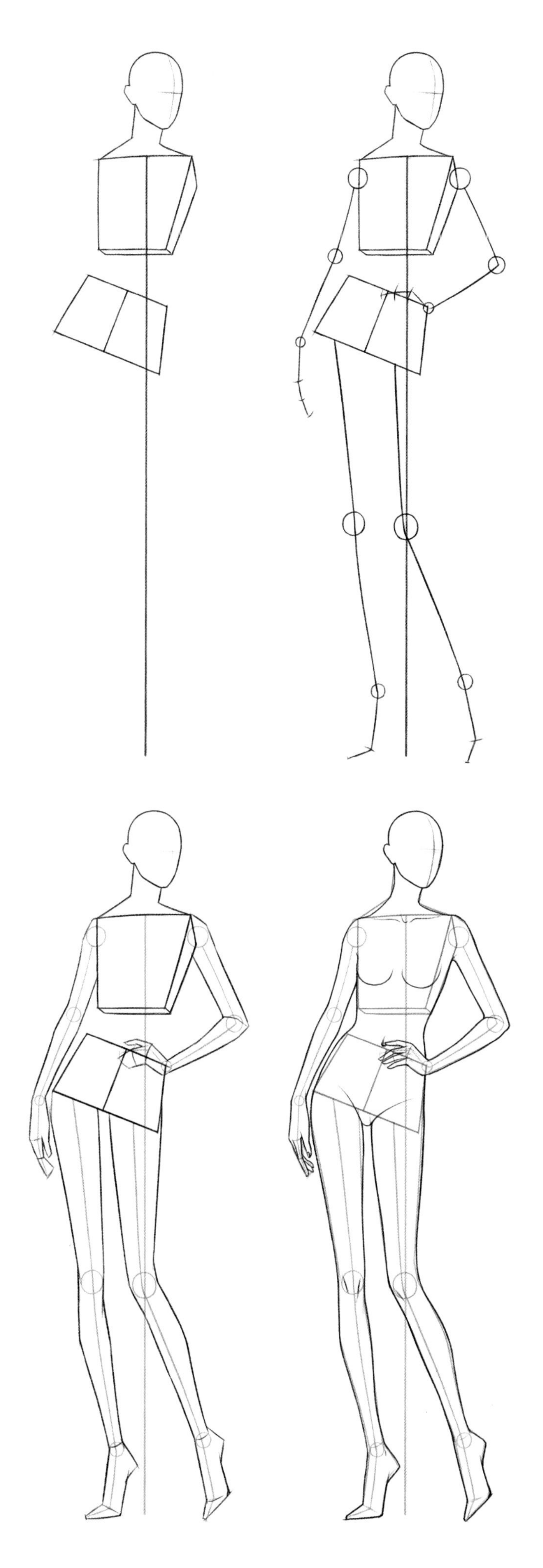

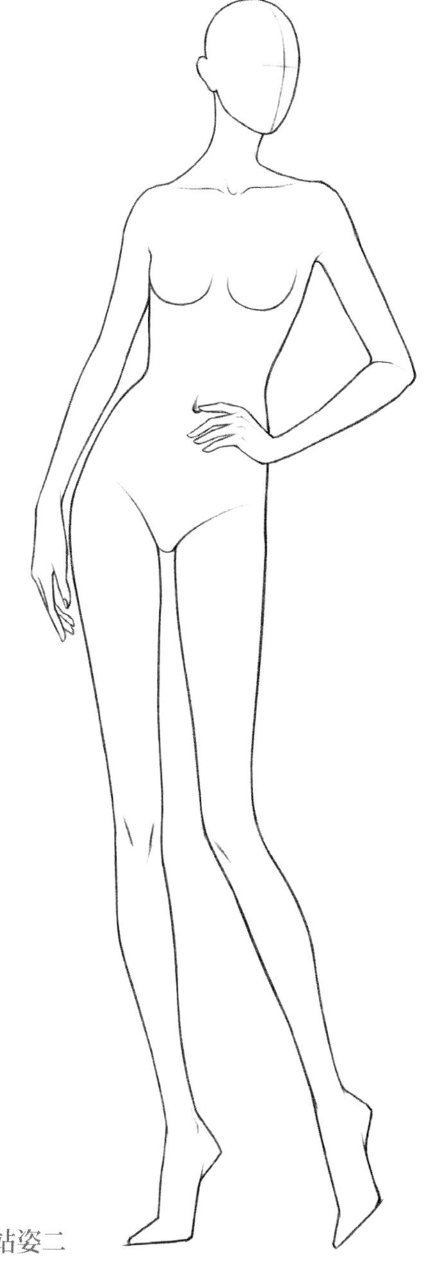

□ 女人体站姿二

Step 01 确定头颈与胸腔、盆腔的位置。案例中模特的头部向左侧转，上身向右侧转，胸腔与盆腔间也发生了一定程度的扭转，上身左侧需要补出侧面的厚度；盆腔仍然保持正面并且向右上方抬起，大转子宽度保持不变。锁骨中点仍然位于肩线中部，从这里引出垂直的重心线。

Step 02 用辅助线大致勾勒四肢的形态。模特一手自然下垂，一手叉腰，手臂的透视要和肩部保持一致，且两只手臂的长度要相等。腿部透视和胯部保持一致，右腿绷直支撑身体重量，更靠近重心线。

Step 03 根据辅助线绘制四肢的轮廓，表现出肌肉的起伏和关节的结构。用几何体概括出手脚的大致形态，注意左手叉腰的透视关系。

Step 04 用圆顺的曲线完善人体的轮廓并适当强调关节处的转折，尤其是左右膝盖的朝向不同。校正肩斜线的弧度，绘制出胸部，因为身体的侧转，右侧胸部会对胸腔轮廓产生适当的遮挡。添加锁骨、肚脐、裆底和脚踝等细节结构。

Step 05 将辅助线清除干净，对人体的透视和结构细节进行检查，完成绘制。

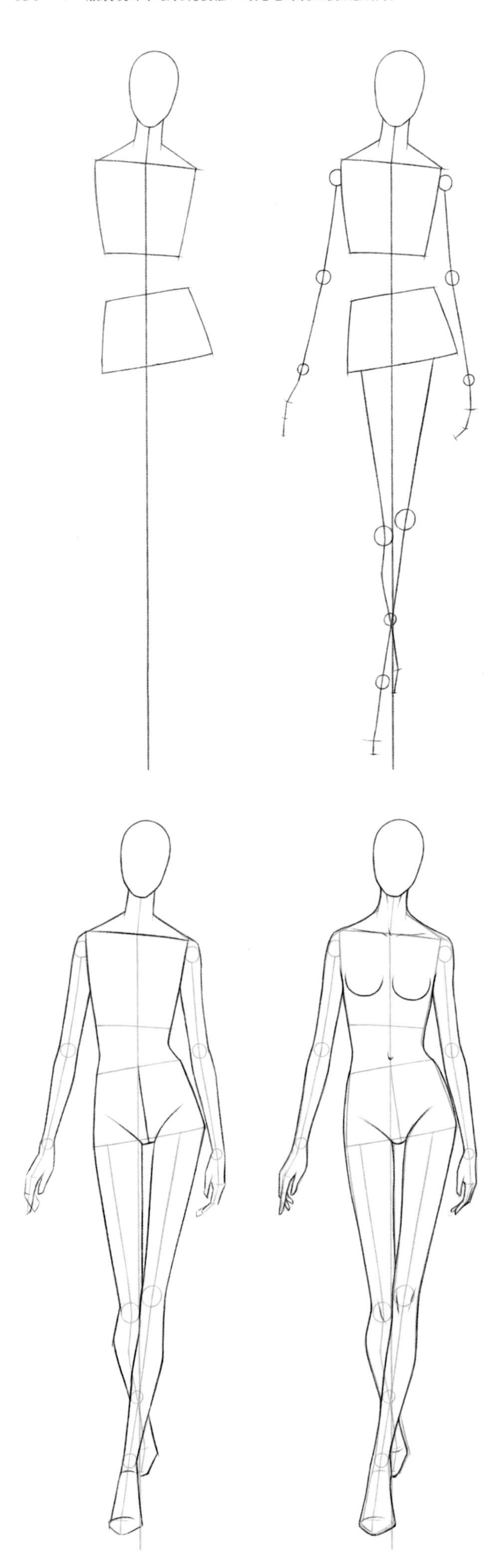

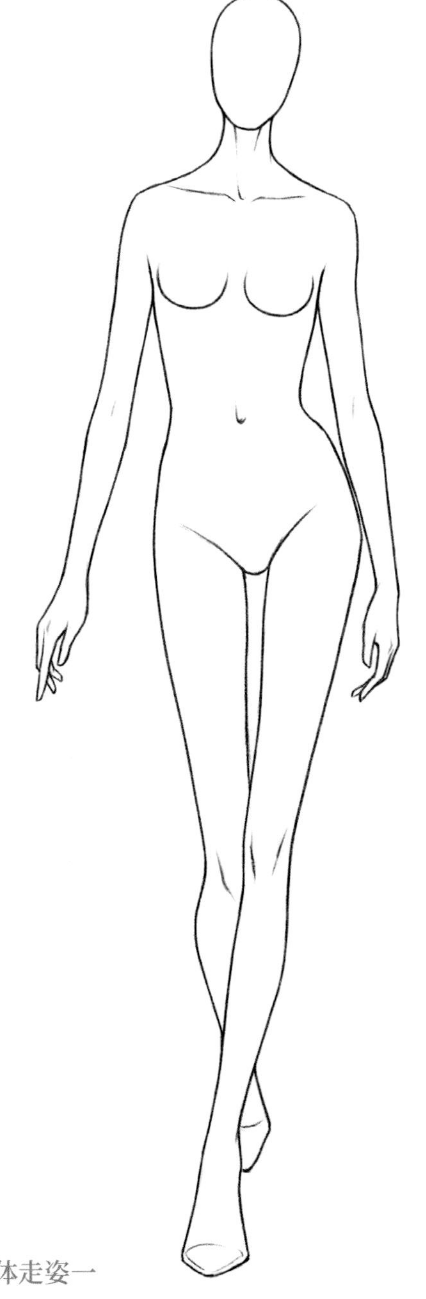

□ 女人体走姿一

Step 01 先绘制出头和脖子，再确定胸腔与盆腔的关系，从锁骨中点向下引出垂线作为重心线。案例所表现的动态上半身略微左倾，向左压肩；盆腔向左摆动，胯部向左抬起。

Step 02 绘制出四肢及关节的辅助线。手臂自然下垂微向外摆动，手肘与手腕的透视与肩部保持一致。胯部向左抬起，左腿作为支撑身体重量的腿，左脚应落在中心线上。右腿离地，右小腿会因为前后透视而明显缩短。但是两条大腿的长度基本一致，膝盖的透视和胯部透视保持一致。

Step 03 用圆顺的长线条概括四肢的形态，明确肌肉曲线的起伏。上臂和大腿的线条相对平顺，前臂和小腿的线条起伏明显，处理好左右小腿的前后遮挡关系，尤其要强调右小腿的透视变化。

Step 04 整理脖子、肩斜线和肩头的结构，表现出肌肉的穿插关系。绘制胸部，胸部的倾斜度和肩部一致。添加锁骨、肚脐、膝盖，细化手指。

Step 05 将不需要的辅助线擦除，留下清晰干净的线稿，完成绘制。

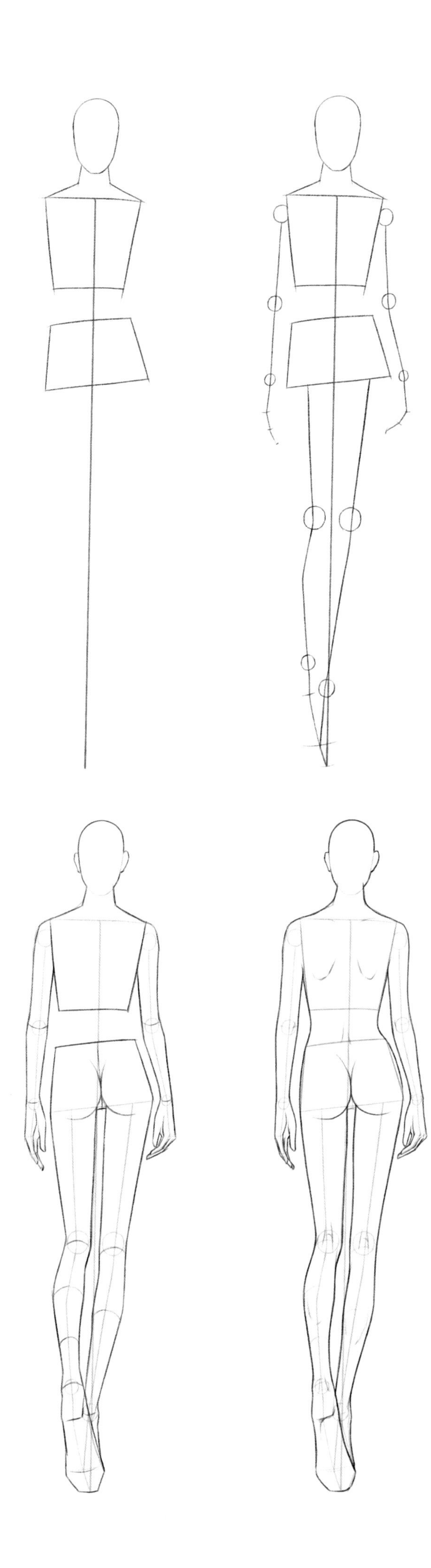

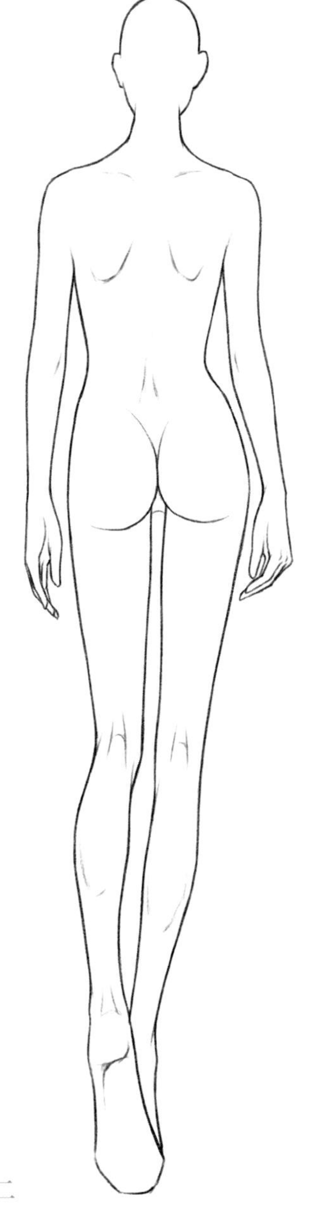

□ 女人体走姿二

Step 01 背面走姿与正面动态在人体结构上有所区别，但在体块关系和透视规律上并无不同。先确定头颈肩的位置，再找胸腔与盆腔的关系。案例所表现的动态上身基本直立，胯部向右摆动。肩线中点即锁骨中点，垂直引出重心线。

Step 02 用辅助线概括四肢的形态。手臂自然下垂，透视与肩保持一致。右腿绷直支撑身体的重量，重心线落在右脚上。左小腿向前抬起，左脚会对右脚产生遮挡。

Step 03 用圆润的曲线概括四肢的轮廓，勾勒出臀大肌的形状。从背面看，肘关节尺骨头的凸起明显，大拇指与小指的前后关系与正面相反；膝关节处，膝窝内陷，膝盖只能看见极少部分。抬起的左小腿会产生较大的透视，小腿肚肌肉的曲线起伏以及与脚踝的宽度差，比直立的右腿更为明显。同时，还要注意脚后跟在前，脚掌在后。

Step 04 进一步刻画身体的轮廓曲线，整理肌肉的穿插关系。从背面看，脖子在前，遮挡住脸颊。腰部用流畅的曲线连接胸腔与盆腔。绘制肩胛骨、膝窝等细节；画笔轻扫，浅浅地勾勒手肘、腰窝、腓肠肌、脚后跟跟腱的形状，使人体更为生动。

Step 05 擦除所有辅助线，留下干净整洁的线稿，完成绘制。

男人体动态

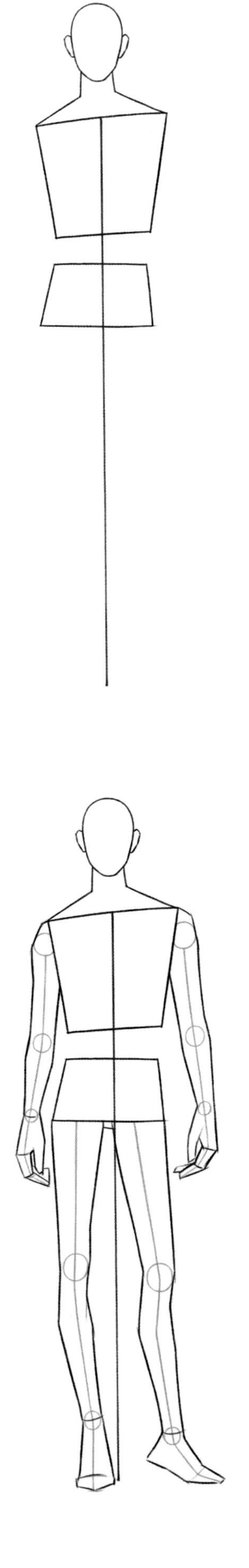

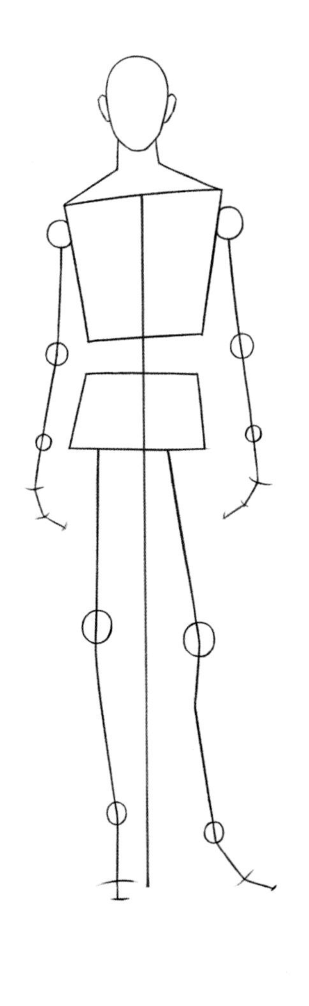

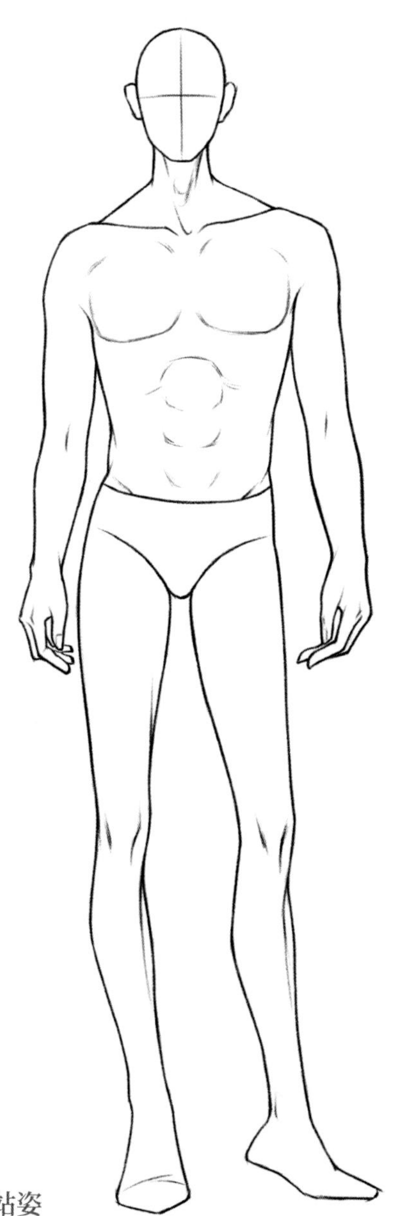

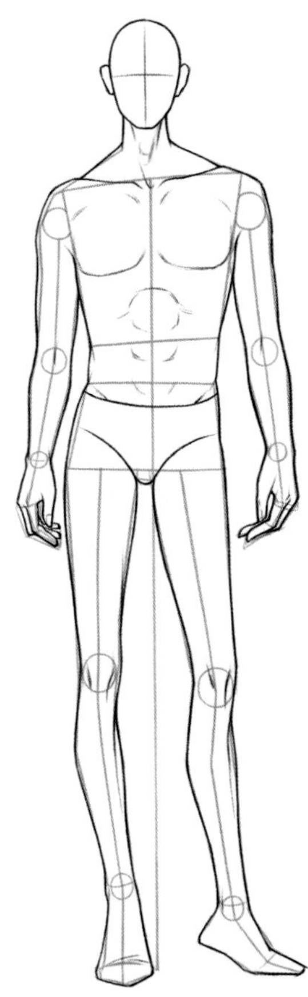

□ 男人体站姿

Step 01 女人体动态通常会突出女性的曲线美，而男性动态会更加稳重。男性肩宽大于臀宽，胸腔的体量感也大于盆腔，因此在绘制男性动态图时，肩部的倾斜幅度或摆动幅度往往会大于胯部，形成“摆肩不扭胯”的视觉印象。男性的动态规律和女性一样，先确定头颈的位置及两大体块的倾斜关系，从锁骨中点引出重心线。

Step 02 用辅助线勾勒出四肢的形态。手臂自然下垂，与肩部透视保持一致。模特盆腔微向右上方摆动，因此由右腿支撑身体重量，靠近重心线。

Step 03 用长直线概括四肢的轮廓。男性的肌肉更为发达，四肢也比女性粗壮，肩头、上臂和小腿的肌肉隆起弧度明显。男性基本都穿着平跟鞋或低跟鞋，大部分脚掌着地，正面的右脚会产生明显的前后透视。

Step 04 用较为平顺的曲线深入整理男人体的轮廓，强调肌肉间的穿插关系。男性腰侧的线条比女性平顺，腰节点位置也略低于女性。适当强调锁骨、肘窝、膝盖等关节的形状，勾勒出胸锁乳突肌、胸肌和腹直肌。

Step 05 清除辅助线，检查整体关系，完成绘制。

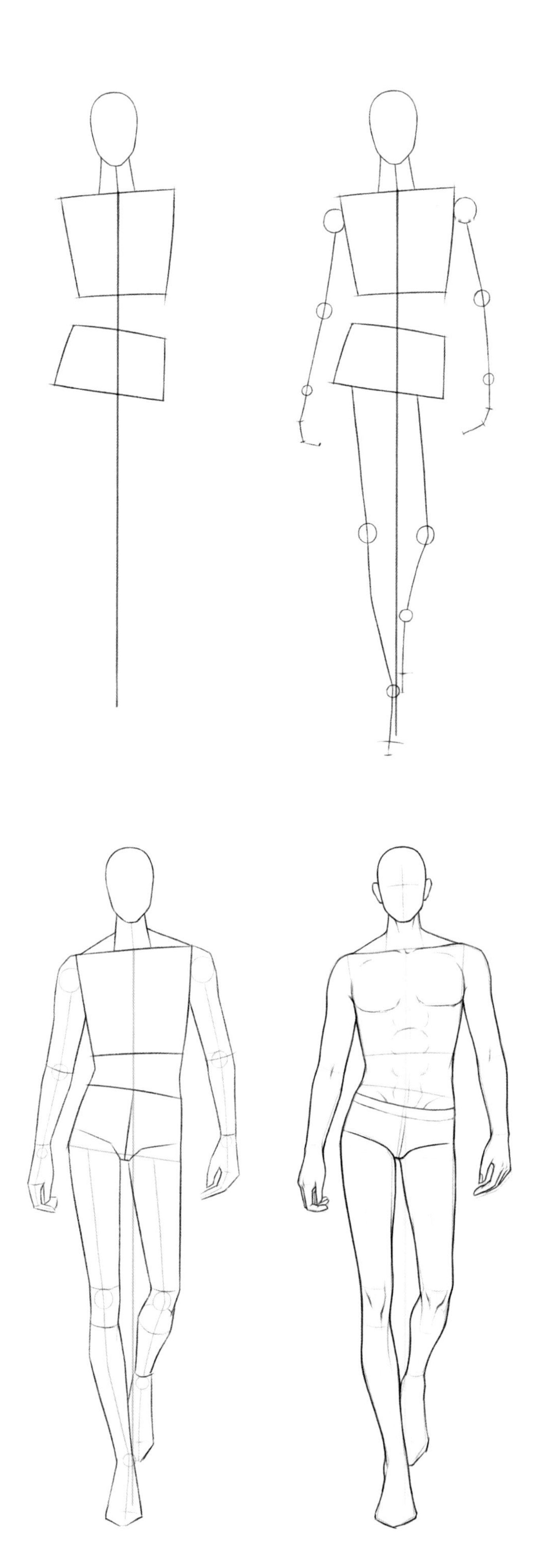

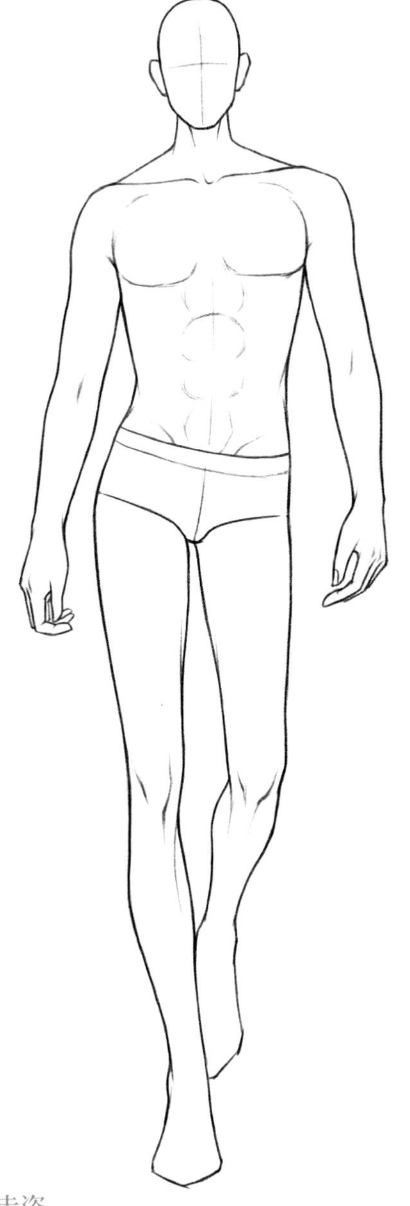

□ 男人体走姿

Step 01 用简单的几何形确定头、颈、胸腔和盆腔的大关系。男性在走动时，胯部也会产生相应的摆动，案例中模特向右压肩，胯部向右上方抬起，注意胸腔和盆腔的体积比例。从锁骨中点引出重心线。

Step 02 用直线和圆球体概括四肢和关节的形态。手臂有轻微的前后摆动，但摆动幅度不大，前后透视产生的长度变化可以忽略。右腿支撑身体的全部重量，重心线必须落在右脚上。男性在走动时四肢会呈现出向外张开的状态，体现出男子气概。左小腿抬起，会产生强烈的前后透视，左小腿的长度会明显缩短。

Step 03 用直线概括出人体轮廓。强调男性肩斜和肩头的肌肉，塑造男性倒三角形的体型，左侧手肘和左膝关节的方向朝外，体现出动作的大开大阖。踩地的左脚会产生前后透视，和竖立悬空的右脚有明显区别。

Step 04 用较为平顺的曲线进一步整理人体轮廓，强调肌肉的曲线起伏。细化肩颈关系，刻画手指，适当强调锁骨、肘窝和膝盖，添加胸肌和腹直肌，体现男人体的健壮感。

Step 05 将不需要的辅助线擦除干净，完善细节，完成绘制。

双人组合动态

双人组合动态要考虑到两人动态的关联性和呼应性，这通常分为两种情况：其一是两人间没有直接接触，这种情况下两人的动态最好不要太雷同，要有足够的差异性；其二是两人间有互动，这就需要考虑肢体间的遮挡是否恰当。

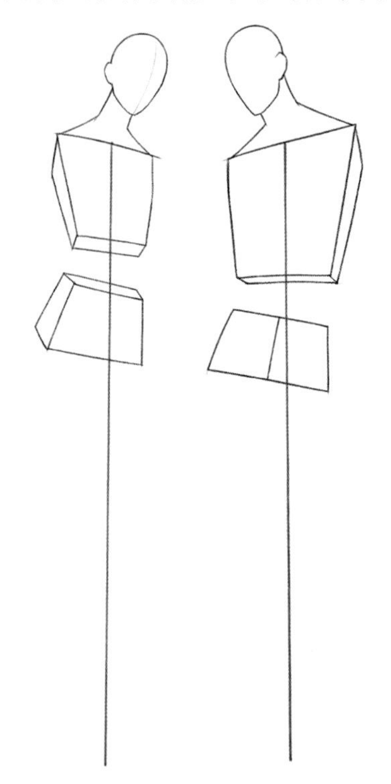

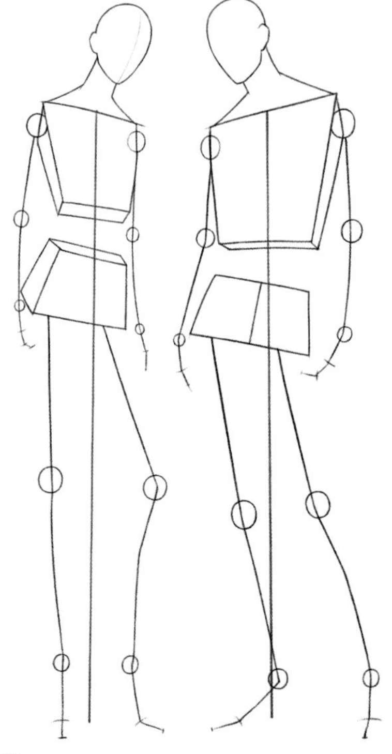

Step 01 案例展现的是一男一女双人站姿组合，两人分别向不同方向侧转：男性向右侧转，向右压肩，向右抬胯；女性向左侧转，上身基本直立，腰部前顶，肩部因为侧转透视而产生左低右高的倾斜，胯部向右抬起。两人都从锁骨中点垂直向下引出重心线。

Step 02 用辅助线概括出四肢。男女两人都自然下垂手臂，为了增加画面的变化，体现男女两性的体型差异，男性双腿伸直，右腿支撑身体重量，动态稳重；女性同样由右腿支撑身体的重量，左腿弯曲，形成曲直对比。

Step 03 用长线条概括四肢的形态。女性的肢体纤细，男性肢体粗壮。两人的身体都有侧转，注意手臂和身体间产生的遮挡关系。女性脚部为穿着高跟鞋的状态，右脚基本直立，左脚要注意脚尖与脚背的转折；男性脚部为穿着平跟鞋的状态，要注意左脚的前后透视。

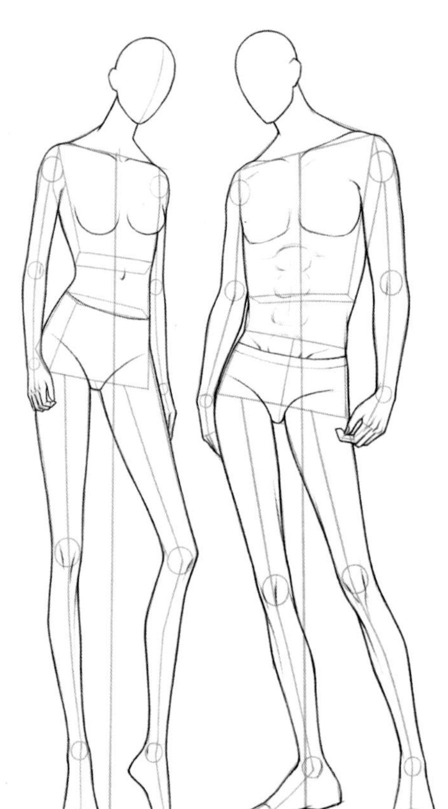

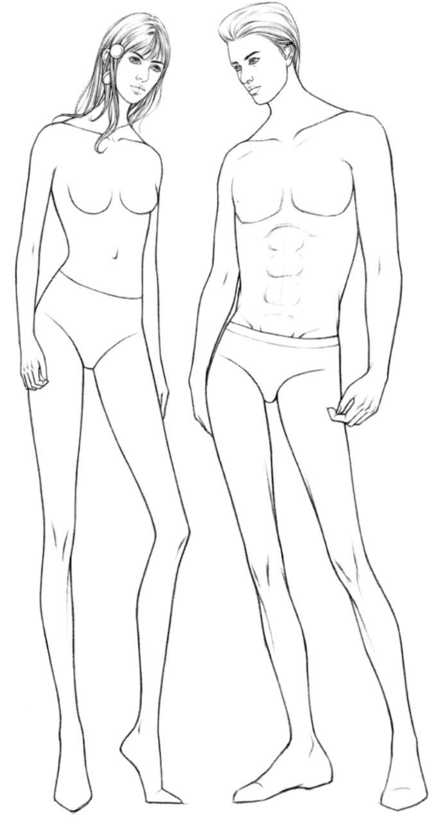

Step 04 用连贯的线条勾勒人体的轮廓。女性肌肉起伏较小，腰节位高，关节可适当弱化；男性肌肉起伏明显，腰节位较低，可适当夸张关节。女性人体添加胸部，胸部耸起，会遮挡左侧身体轮廓。男性添加胸肌、腹直肌等肌肉，进一步凸显男性发达的肌肉。

Step 05 详细绘制五官和发型，五官的透视要和头部透视保持一致，男性头部侧转幅度更大，要注意因为右侧五官透视而产生的变形。女性发型较为自然，头顶部分包裹头骨，呈现出球体体积，可以根据分缝线向不同方向用笔绘制出弧形发丝；披散的头发按发绺分组，处理好前后层次。男性的发型较为蓬松，要与头顶之间留有足够的厚度。擦除参考线，修饰和调整细节，完成绘制。

○ 双人组合动态表现范例

1.2.4 人体动态表现范例

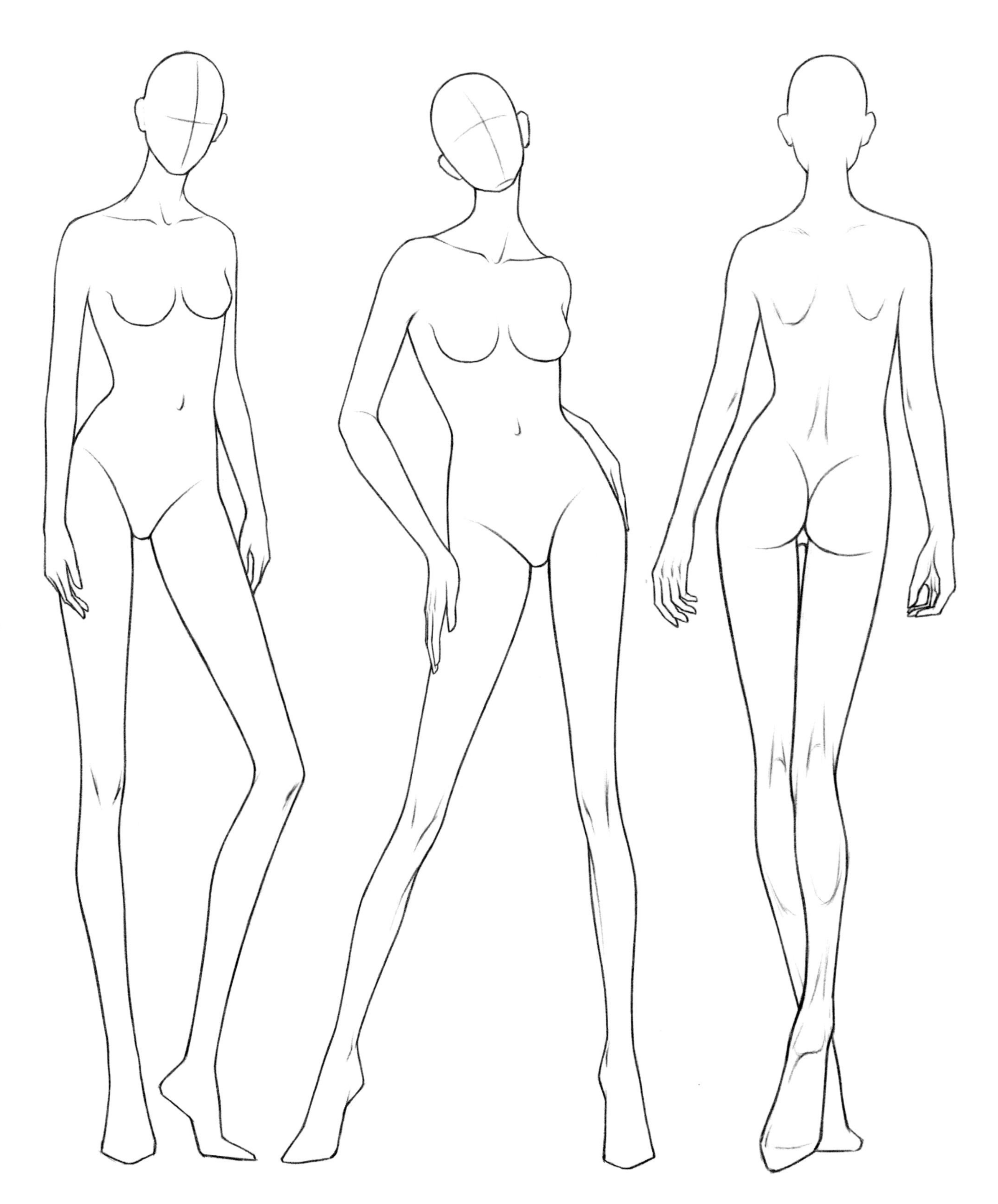

○ 人体动态表现范例（一）

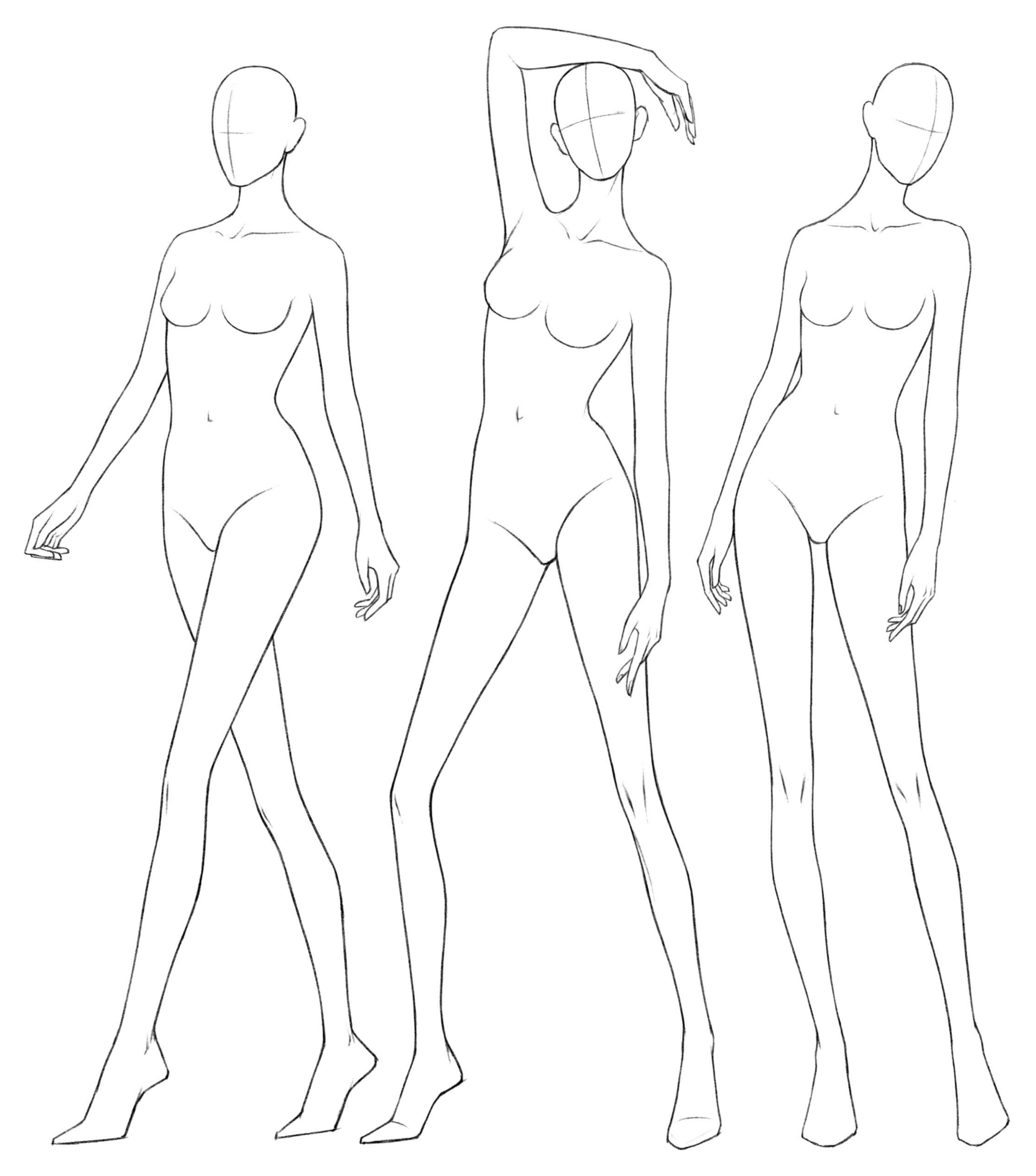

○ 人体动态表现范例（二）

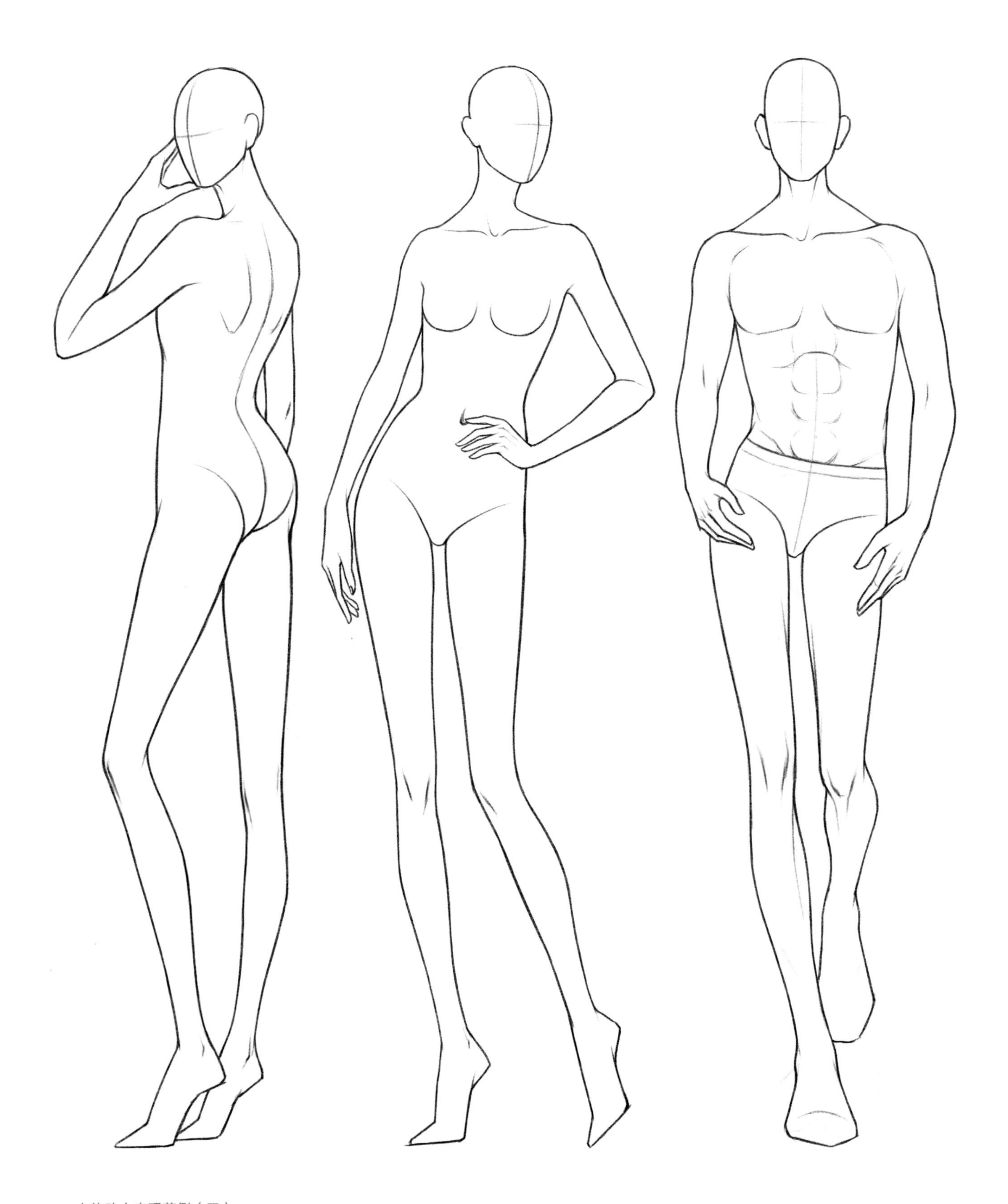

○ 人体动态表现范例（三）

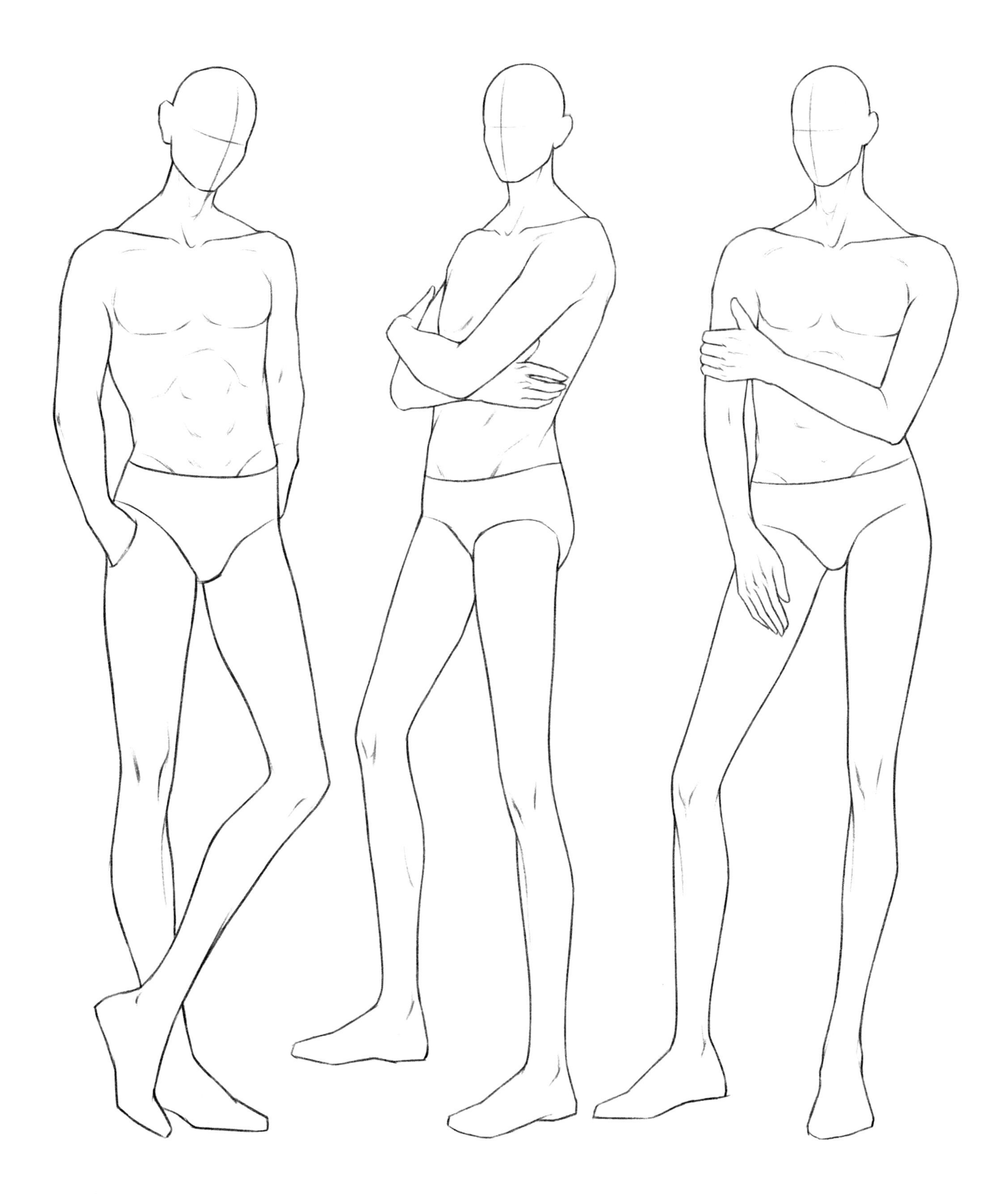

○ 人体动态表现范例（四）

1.3 服装的表现与人体着装

时装画表现的另一重点是服装，或者说对服装的表现才是设计师绘制时装画的根本目的。服装的款式多变，面料材质、图案和工艺细节的变化更增加了服装表现的难度。想要将服装穿着在人体上的效果表现得生动自然，就要遵循下面两个原则：其一，服装一定是包裹在人体之外，任何款式的服装都不可能切割或抹除人体结构；其二，除了一些特殊设计的款式，服装的透视要和人体的透视保持一致，尤其是左右对称的款式，人体的中线就是服装的中线。

1.3.1 人体与服装的关系

将平面的面料包裹在立体的人体上，布料和人体之间就会形成空间，也就是常说的松量。通过对松量的控制，再辅以结构和工艺手段，设计师可以将任意质感的面料塑造成自己所需的造型，实现从二维到三维的转换。

合体服装

合体服装并不是指紧贴身体的服装，而是指能呈现身体轮廓曲线并且不影响人体日常活动的服装，这就要求服装与人体之间具备必须的松量。通常，单独穿着或贴身穿着的合体服装所需要的松量较小，如衬衣、连衣裙等，大部分款式松量在 2~8cm 之间；外穿的服装松量会大一些，合体西服的松量通常为 10~16cm，合体夹克或外套的松量会更大。领、胸、肩、腰、臀、裆等各部位的松量也会有不同变化。此外，面料不同，松量也会有所变化。因此在绘制时装画时，即便是合体服装，也要根据具体情况在人体和服装间留出适当的空间。

○ 紧身款式

紧身款式是合体服装中的一类服装款式。这类服装通常紧贴人体，与人体间基本不留松量。这类服装也分为两种情况：一是使用弹性面料，依靠面料的伸展性来满足人体运动的需求，例如内衣和紧身运动；二是通过结构手段去除松量使服装紧贴人体，甚至有的服装会禁锢人体或在一定程度上重塑人体，如一些礼服和紧身胸衣。紧身款式能将人体曲线完全展现出来。

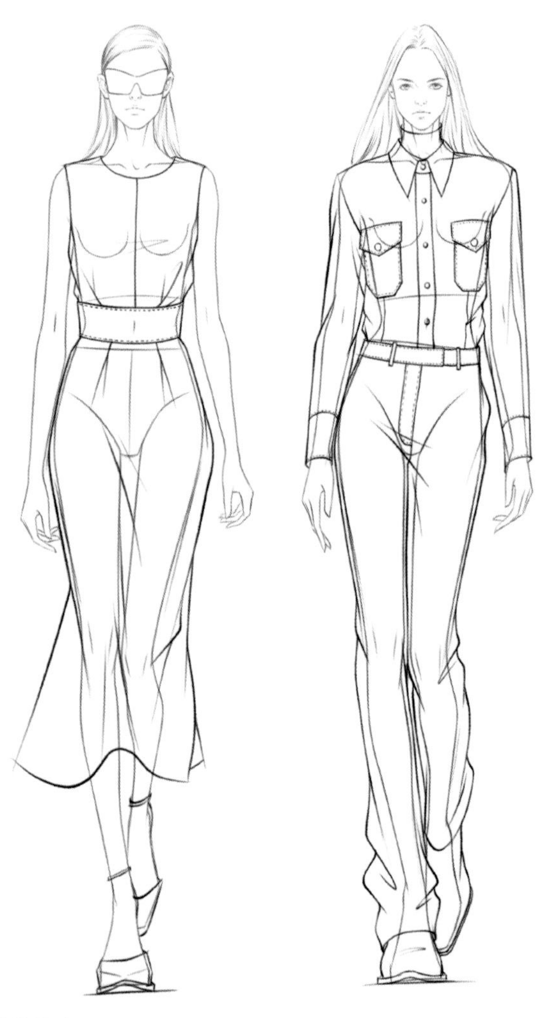

○ 合体款式

严格意义上的合体款式是指领、肩、袖、胸、腰、臀和裆等各部位，都按照基本松量的标准处于合体状态。但在实际设计中，为了追求款式变化、满足运动需求，会根据具体情况在局部加大松量。如右图的连衣裙，为了便于行走裙摆进行了放量处理，形成鱼尾造型；左图的衬衣在肩部及袖山处有放松量，裤子的裤脚也有放量处理。此外，合体款式并非紧贴人体，腰部通常有一定松量，如果系扎腰带，腰部通常会产生褶皱。

宽松服装

在传统的东方服饰审美中，宽松服装象征着对人体的遮掩，是东方文化含蓄内敛的体现；在传统的西方服饰审美中，宽松服装象征着对人体的解放，尤其象征着将女性从几百年沙漏体型的审美中解放出来。从实际功能来看，宽松服装为人体提供了更多的活动空间，使人体在服装中更为自如。

松量越大，服装越宽松，产生的褶皱就越多，人体本身的轮廓就越会被服装掩盖住，但是要注意：不论多么宽松的服装，仍然是以人体作为支撑，服装必然有部位和人体贴合，并且不论在何种动态下服装的透视和人体的透视都保持一致。

想要将宽松的服装牢固地穿在人体上，而不会产生“走光”的风险，需要人体对服装形成足够的支撑。上身的服装最大的支撑处是肩部，只要领口不开得太大，这个支撑位就足够稳定；如果是大一字领或抹胸类的宽松款式，依靠胸部来支撑服装就容易走光。下身的服装，半裙主要依靠腰部和臀部来进行支撑，人体对裤子的支撑除了腰臀部还可以依靠裆部。但是，下半身不论哪个部位都不像肩部会形成大面积的平面，无法提供足够稳定的支撑。因此，下装在设计上，通常不会在腰部放松量，即便是在腰部放松量，也需要采用松紧、抽绳或系带等方式，使腰头能扣合腰部。

○ 宽松款式

很多初学者对宽松服装的认知有一个误区，认为在腰部放松量掩盖了腰线，形成H形或箱形的服装廓型，就是宽松服装，因此在绘制时装画时经常产生放松量不够、款式变化有限的问题。从上图范例可见，宽松服装的放松量是在服装的各个部位，尤其是很多容易被初学者忽略的部位，如肩头、袖窿深、摆围、裆长、裤脚等处，一些有特色的款式，如落肩袖等，都是放松量的产物。

○ 超宽松款式

近些年，所谓的 oversize 风格盛行不衰，这种风格的服装松量，远远超过了人体运动所需要的松量。超宽松款式的服装通常会采用较厚或挺括感较强的面料，使服装形成膨胀的外观，达到夸张的视觉效果。为了避免产生“移动布料堆”的服装即视感，超宽松款式通常会在搭配上下功夫，可以采用上松下紧、上紧下松、内紧外松、上短下长或上长下短等的对比性搭配。超宽松款式对人体的遮盖程度非常大，轻微的动态可能会被服装所掩盖；但是在运动幅度较大的情况下，服装仍然会受到人体动态的影响，服装的透视要与人体保持一致，褶皱的变化要符合运动规律。

独立造型的服装

尽管服装要穿着在人体上，以人体为支撑，但是设计师的创意天马行空，总是想要创造新造型。独立造型的服装与宽松服装的不同之处在于，宽松服装还是会根据人体结构放松量，服装呈现的基本是人体的轮廓造型；而独立造型的服装是局部甚至全部的服装部件都脱离人体造型，不受人体结构干扰，甚至有些服装经过加工后就如同独立雕塑或装置作品一般，其前卫的概念和审美，常成为潮流的风向标。

○ 结构与工艺造型的服装

想要形成独立造型，必须要有足够的松量，使人体和布料间有足够的空间进行塑造。依靠布料本身的支撑力形成的空间和造型是非常有限的，需要借助结构和工艺手段来塑形，常见的方法有以下几种：1. 使用结构线来塑形，结构线的形状和缝合时产生的厚度能非常好地塑造出立体造型；2. 通过褶皱来塑形，每个褶皱都能形成一个小的支撑面，连接起来就能对大面积的布料形成有力的支撑；3. 通过烫衬或刷胶等手段将布料由软变硬，这种方法常用于轻薄型面料，通过改变面料本身的质感来塑形。

○ 外力支撑的服装

如果想要在人体和布料间产生更大的空间，达到仅依靠结构和工艺手段无法实现的效果，还可以借助外力达成。通常有两种方式：一是使用填充物，这源自 15 世纪西班牙的服饰风格；二是使用各种支撑物或牵引物，如裙撑等。

1.3.2 褶皱的表现

时装画中，褶皱不仅能使着装效果更加自然生动，还能展现出人体的运动规律、服装的松量大小、面料的材质和加工工艺等。但是褶皱会出现在服装的不同部位，形态多变，数量繁多，很多初学者难以把握。在表现褶皱时，可以遵循两个原则：一是人体凸起紧贴服装的部分一般不容易产生褶皱，如肩头、胸高点等，人体凹陷处容易产生褶皱，如腰节、肘弯；二是较厚的面料产生的褶皱数量少但深度大，较薄的面料产生的褶皱数量多但深度浅。根据褶皱产生的原理，可以将褶皱分为下面三类。

运动形成的褶皱

运动形成的褶皱通常呈放射状，是布料从一个受力点向四周发散的结果。肢体弯曲或弯折就会产生挤压褶，常出现在手弯、膝弯和腰节等部位；做出伸展手臂、迈步或抬腿等动作时，腋下和裆底通常会产生拉伸褶；扭转褶基本都出现在颈部、腰部和肘部，是肢体旋转扭动产生的，在腰部挤压褶和扭转褶经常是叠加存在的。

松量形成的褶皱

通常情况下，松量越大的服装产生的褶皱越多。松量形成的褶皱可分为四类：缠裹褶基本呈平行排列或半弧形排列，如果遇到人体高点将布料撑开，则会出现放射状形态；悬垂褶受重力影响，通常是纵向的长褶，尤其是有垂坠感的面料更容易产生又细又深的褶皱；悬荡褶一般有两个以上的受力点，褶皱呈现U形或V形的形状；堆积褶是服装一些部位的长度过长或有意将原有长度挤压缩短而形成的褶皱，大都呈现横向褶皱或Z形褶皱，有时弹性面料紧裹在人体上，也会出现堆积褶。

工艺形成的褶皱

为了更好地控制褶皱形态，设计师往往会采用工艺手段对褶皱进行加工处理，这些工艺手段分为两大类。

一类是为了塑形或改变服装的结构，如叠褶和抽褶，都是通过在固定点或固定线增加褶量，从而使面料产生更明显的起伏。叠褶的褶量大小、方向和间距都很规律，其中平行的叠褶也称为裥；折叠的方法不一样，还会产生如刀褶、箱褶、暗褶等不同的造型。抽褶则较为自由，但分布也有一定规律，即从固定线向外呈放射状发散。

另一类是通过褶皱来改变布料表现的肌理质感，最常见的是用机器进行高温高压定型，使布料表现布满细褶，这些细褶可以是规律的，也可以是不规律的，给布料表面增添了装饰性。

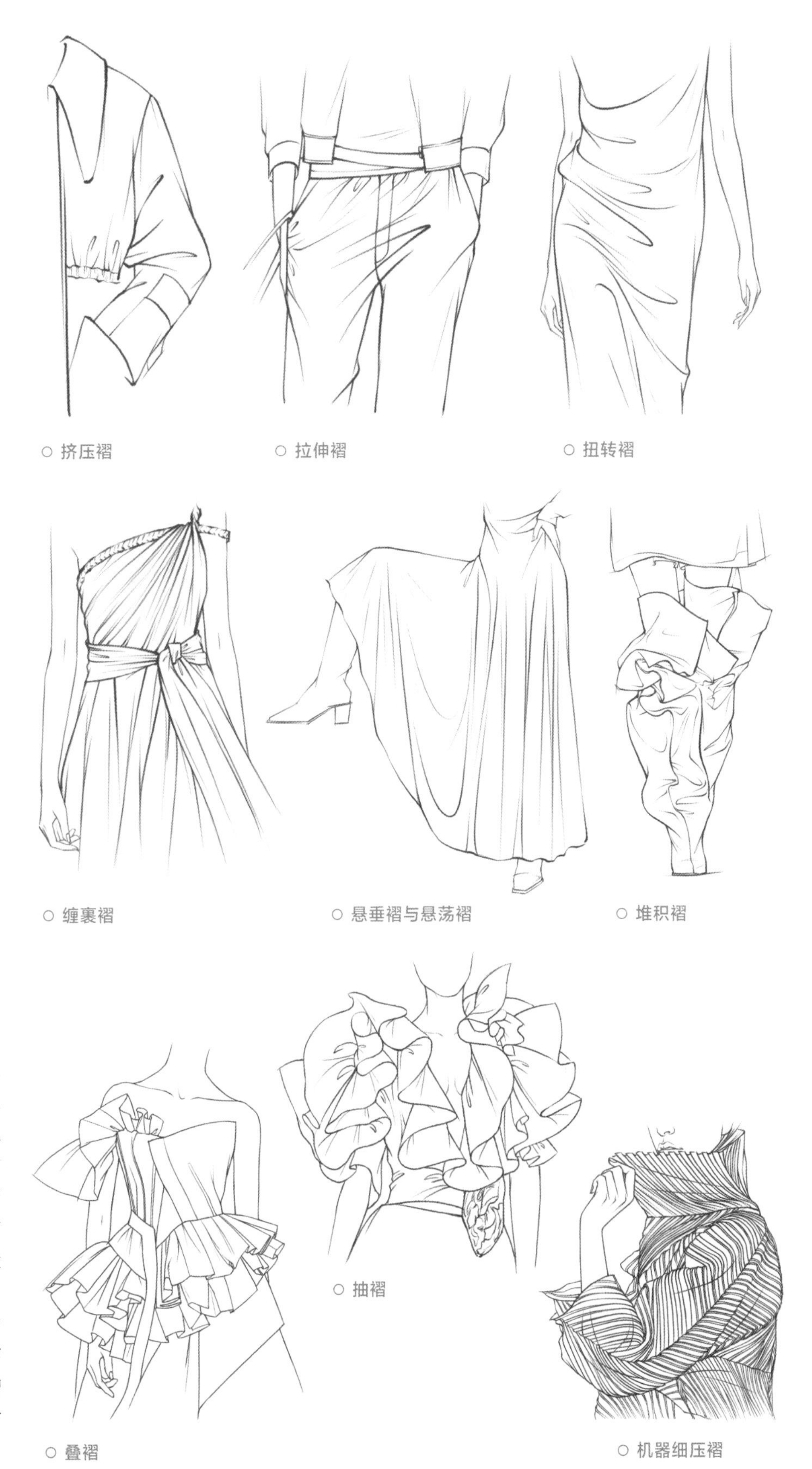

○ 挤压褶　○ 拉伸褶　○ 扭转褶

○ 缠裹褶　○ 悬垂褶与悬荡褶　○ 堆积褶

○ 抽褶　○ 叠褶　○ 机器细压褶

1.3.3 着装表现步骤详解

在进行人体着装的绘制时，同样要从整体大关系入手：先确定服装和人体间的关系，即绘制服装的大廓型，找准面料和人体间的距离；然后绘制服装的主要款式部件，如领、门襟、口袋、腰头等；然后添加褶皱，先归纳褶皱的大走向，再对褶皱适当进行取舍；最后添加如纽扣、拉锁等辅料以及省道、明线等工艺细节，这些小细节受到人体透视和褶皱起伏的双重影响。

合体服装着装步骤详解

Step 01 绘制人体动态。模特上身微向右斜，向右侧压肩，胯部向右上方顶出，重心落在右脚上，注意左小腿因为向后抬起而产生的透视变形。

Step 02 绘制合体西服套装的基本廓型，合体服装的轮廓基本与人体一致。西服敞开穿着，松量比扣合衣襟时更大。在脖颈处要处理好衬衣领和西服领的上下叠压关系，领子的透视与肩部保持一致。裤子在裆部和左腿膝弯处留出褶量，腰头透视与胯部透视保持一致，左脚裤口因为透视弧度更加明显，裆部需要绘制出裤中缝线。

Step 03 整理上装线稿，添加褶皱和款式细节。较为明显的褶皱集中在抬胯的右侧腰部和右手手肘处，西服的门襟处会留下系纽扣产生的拉伸褶，下垂的左手臂也会因松量产生轻微的褶皱。

Step 04 添加裤子添加褶皱，刻画锁边细节。案例裤子的褶皱主要是裆底产生的拉伸褶以及左小腿后抬形成的挤压褶。裆部拉伸褶的下半部分因为有松量，褶皱角度较平，从裆底中点分别向左右拉伸；上半部分褶皱紧贴大腿根，角度较大。左膝弯挤压褶呈放射状，指向膝盖高点。

Step 05 绘制鞋子。右脚踩地，和离地竖起的左脚在透视上有明显差异，鞋子的透视要和脚部保持一致。擦除参考线，调整细节，完成绘制。

宽松造型服装着装步骤详解

Step 01 绘制人体线稿。模特上身向右倾斜，向右侧压肩，胯部向右上抬起，右腿主要支撑身体的重量且更靠近重心线，左腿起辅助支撑。模特双手插兜，但手臂没有明显的前后透视。注意模特的头部和颈部都有不同程度的倾斜，要把握住其中的微妙变化。

Step 02 绘制服装的大致轮廓。案例表现的是一件宽松款风衣，面料挺括，衣袖均有较大的松量，在绘制时要与人体间留有足够的空间，但在肩部、系腰带的腰部以及右侧胯高点紧贴人体。领子的透视与肩部保持一致，腰带因为系扎位置较高，透视和肋骨下缘连线保持一致。绘制靴子的轮廓，靴子基本紧贴小腿和脚部，靴筒略微留出松量即可。

Step 03 用明确的笔触整理风衣线稿。系扎腰带收紧腰部时，腰带上下都会形成大量放射状的褶皱；双手插兜使小臂回弯，会在肘弯处形成大量发散的挤压褶；右侧衣摆上会形成指向胯高点的悬垂褶，左侧衣摆的褶皱则会受到腿部的影响，呈现出膝弯的形状。右胸前的悬垂褶呈纵向排列，左腰处的荷叶边为放射状褶皱，这些都是通过工艺手段形成的褶皱，起到装饰作用。

Step 04 深入刻画靴子。靴子为软皮革材质，形成大量环形的堆积褶。在绘制时有两个要点：其一是皮革质地较厚，褶皱在外轮廓呈现出明显的起伏；其二是褶皱要适当取舍，不要过于杂乱。

Step 05 擦除参考线，调整整体与局部的关系，完成绘制。

独立造型服装着装步骤详解

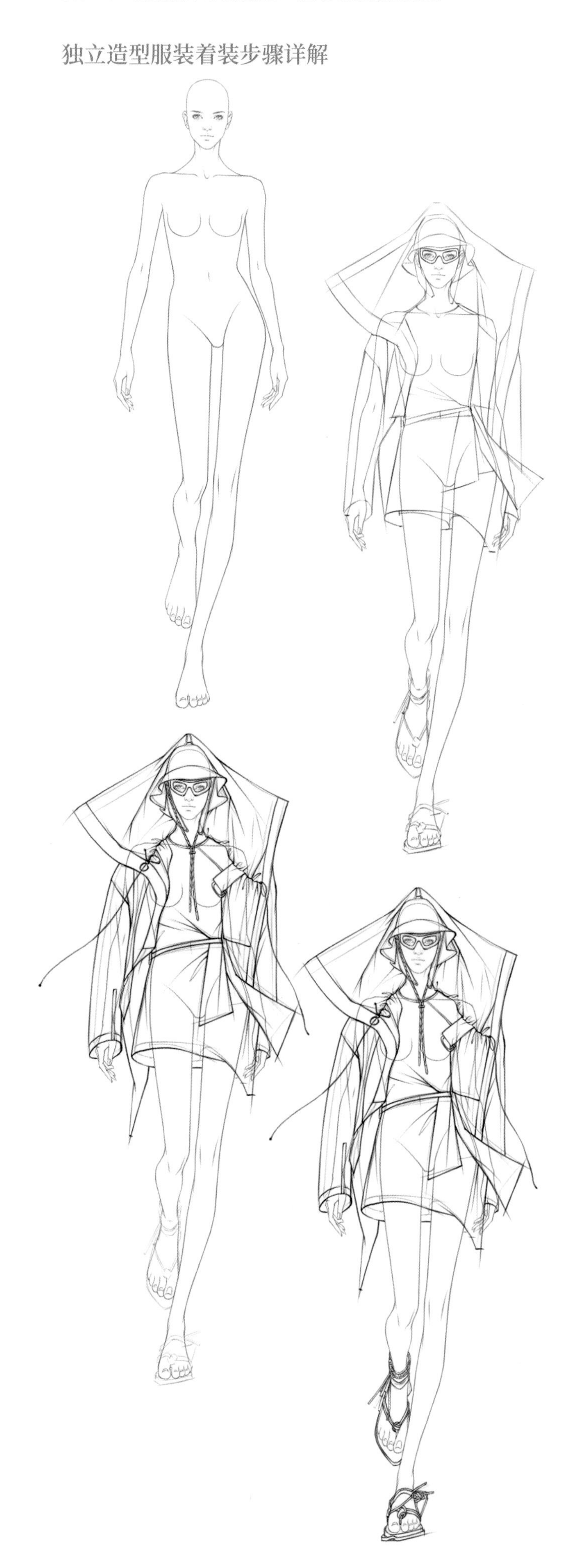

Step 01 绘制人体动态。模特上身基本直立，双臂略微外张，胯部向左上方抬起，左腿支撑身体的全部重量，重心线落在左脚上。

Step 02 用长线条勾勒服装的大致轮廓。案例选择的是一款运动风格的夹克搭配长 T 恤，夹克的领部和兜帽是整片结构，向上拉开与模特头上的渔夫帽进行固定，遮挡了整个肩部，衣襟敞开的穿着方式使前襟出现翻折且遮挡了身体的轮廓。内搭的长 T 恤系扎腰带，腰带的透视与胯部透视保持一致。绘制鞋子的大形，同样要注意因为两脚透视不同对鞋子造型产生的影响。

Step 03 用顺滑的线条绘制服装的款式细节，添加褶皱。进一步整理衣身的翻折关系，将前衣片正面、翻折的反面、后片内侧的关系整理清楚。衣身和领帽部分由抽褶的结构线相连接，抽褶产生的碎褶细小而繁多，在绘制时要注意归纳取舍。夹克展开的兜帽在和渔夫帽固定时会产生折叠，形成明显的大褶。长T恤腰部的固定褶会使褶皱具有集中指向性而非均匀分布。

Step 04 绘制鞋子的细节。缠绕在脚背和脚踝处的绑带，每条都要与脚部透视保持一致，并整理好其上下叠压关系。

Step 05 擦除参考线，留下清晰整洁的线稿，完成绘制。

○ 着装表现范例

02 马克笔时装画的基础技法

2.1 马克笔的工具选择

我们将马克笔与时装画常用的其他工具进行比较。与彩铅相比，彩铅笔尖坚硬，笔触细腻，易于初学者掌握，但是绘制速度慢，需要长时间耐心叠色才能绘制出比较丰富的效果；马克笔虽然也属于硬笔尖，但笔尖有一定弹性，能形成多变的块面状笔触，绘制速度快。与水彩相比，水彩最大的优势是软笔尖形成的极为丰富的笔触和干湿变化，但在控笔控水上对绘画者有较高要求；马克笔则没有调色、控水等"麻烦"，技法相对简单，再加上近些年软头马克的不断改进，已经能实现接近水彩的自然、柔和的叠色和过渡效果。同时，为了丰富和完善画面效果，马克笔时装画还会使用大量辅助工具，这些辅助工具与马克笔一起使用，形成马克笔时装画独有的明快、轻松的艺术风格。

2.1.1 马克笔的种类

马克笔的品牌和生产厂家非常多，市场上可见到琳琅满目的马克笔，可根据以下几种方式进行分类。

根据墨水性质分类

根据墨水的性质，传统的马克笔可以分为油性马克笔、酒精性马克笔及水性马克笔，近几年新出现的水溶性马克笔，则是兼具了水彩的性质。

□ 油性马克笔

油性马克笔的墨水颜色艳丽、饱和度高，多次叠色后颜色也不会变脏，反而会形成沉稳的厚重感，并且油性墨水防水、不易晕开、速干、耐光度好。不过，目前市场上除了 AD 等传统生产油性马克笔的品牌外，很多标注油性墨水的马克笔，其实是酒精性马克笔，这是因为传统油性马克笔采用"对二甲苯"作为融色剂，对人体有害。在 1998 年，日本酷笔客（Copic）公司采用甲醇来混合油性墨水，这种新型的"酒精溶剂油性马克笔"逐渐取代了传统的油性马克笔。

□ 酒精性马克笔

酒精性马克笔是时装画中使用最为广泛的一类，保留了油性马克笔的诸多优点，并且墨水的融合更为充分，大面积铺色均匀，笔触痕迹少，色彩过渡更加自然，对纸张的损伤更小，适合表现柔软的布料。

□ 水性马克笔

水性马克笔的墨水干燥速度较慢，墨水在未干前溶于水，色彩比较清透，同一种颜色反复叠加后颜色容易变灰、变脏，但因为是水性墨水，不同色彩叠加反而融合得较好。水性马克笔的笔触清晰，混色时笔痕较为明显，在纸张上反复涂抹时纸面容易磨毛起球。与酒精性马克笔相比，水性马克笔较难掌握，但是可以绘制出较为特殊的效果。

□ 水溶性马克笔

水溶性马克笔也称为水彩马克笔，是近些年在水性马克笔的基础上发展而来的，其墨水能更好地溶于水，用蘸有清水的毛笔或水彩笔，可以很自然地将笔触晕染开，还可以结合各种水彩媒介剂使用，达到和水彩几乎相同的效果。虽然水溶性马克笔在混色和笔触效果上更加丰富，但和水彩一样需要控水，对纸张的要求也较高，操作比较麻烦，可以用来做一些辅助效果。

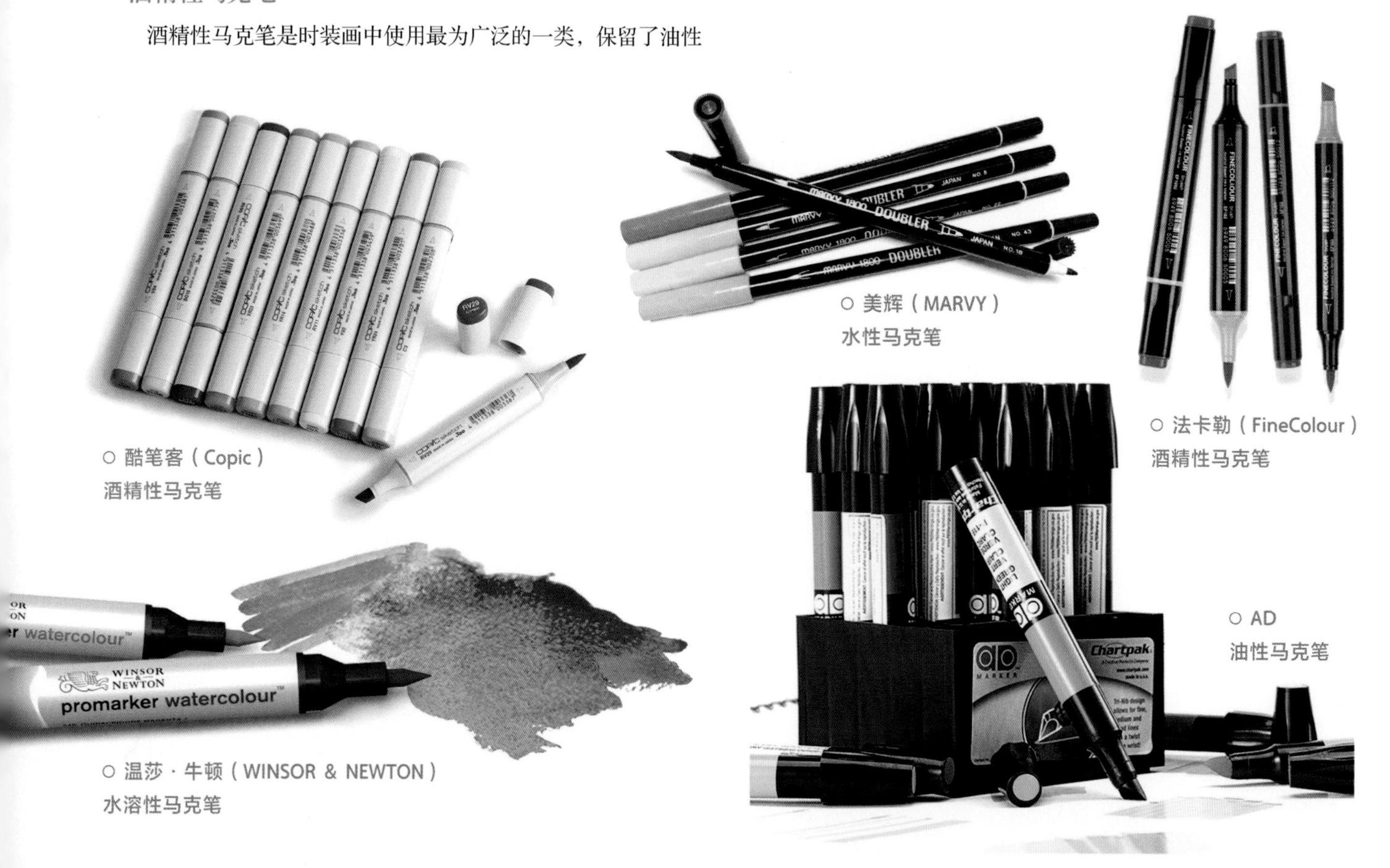

○ 酷笔客（Copic）
酒精性马克笔

○ 美辉（MARVY）
水性马克笔

○ 法卡勒（FineColour）
酒精性马克笔

○ 温莎 · 牛顿（WINSOR & NEWTON）
水溶性马克笔

○ AD
油性马克笔

根据笔尖形状分类

马克笔的经典笔尖形状有三种，分别是方硬头（broad）、尖硬头（fine）和软头（brush），但是不同品牌笔尖的宽窄粗细不尽相同，再加上近些年不断增加的新品种，笔尖的形状也有了更多变化。目前市场上大部分马克笔为双头笔尖，方硬头、尖硬头和软头三种笔尖会两两搭配，在笔杆上都会有标注。

□ 方硬头

方硬头笔尖是马克笔最为传统的笔尖，笔尖较硬，能很轻松地画出宽度均匀的笔触，在绘制格纹时尤其方便。很多初学者只使用方硬头来大面积铺色，但其实方硬头有五个切面，让不同切面接触纸张就能绘制出不同粗细的线条，在行笔过程中有意识地转动笔尖，就会得到更加多变的笔触效果。

□ 尖硬头

尖硬头笔尖也属于硬笔尖，但笔尖有少许弹性，根据用笔力度的大小能绘制出有一定粗细变化的笔触。不过受限于笔尖本身的宽度和硬度，笔触的变化较少，常用于绘制较细的线条和小色块，也可以用来勾边。

□ 软头

软头笔尖富有弹性和韧性，笔触变化更多、更灵活，在使用时根据用笔力度、角度、速度的不同，笔触不仅会产生粗细变化，还会产生色彩的深浅变化，如果行笔速度较快，可以表现出明显的笔锋。软头笔尖还可以像水彩一样，通过反复涂抹叠色来渲染渐变色彩，形成更为柔和自然的色彩效果。

□ 宽头

宽头笔尖也属于硬笔尖，笔尖的宽度一般在 20mm 左右，笔尖扁平，也可以通过调整笔尖与纸张变化的角度和行笔速度来改变笔触形状。宽头笔尖适合大面积快速铺色，由于时装画的画幅通常不大，宽头马克笔常用来绘制画面背景。

2.1.2 辅助工具

尽管马克笔在表现时装画时有诸多优势，但是受到马克笔笔尖形状和性质的影响，在修改画面、刻画细节、增加艺术表现性等方面，马克笔仍有一定的局限性。为了规避马克笔的弱点，弥补不足，使画完效果更为完善、丰富，还需要一些辅助工具。

绘图铅笔和自动铅笔

铅笔主要用于起稿，普通木杆的绘图铅笔或自动铅笔均可。绘图铅笔的笔尖更有韧性，能绘制出变化多样的线条，但为了保持线条的准确性，绘图铅笔需要不停地削尖笔尖。自动铅笔能轻松画出精细均匀的线条，根据使用的力度，也能产生一定的粗细深浅变化，对初学者来说是较好的选择。自动铅笔和铅芯的型号非常多，起稿时大多选择 0.5mm 或 0.3mm 的自动铅笔，铅芯选择 HB 或 B 较为合适。此外，还可以选择可擦除的彩色铅芯，更能保持画面整洁。

针管笔

作为快速表现的工具，马克笔在细节的表现上有所欠缺，再加上绘制时行笔速度快，难免出现误差，因此常借助勾线的方式来确定轮廓、强调结构转折及描绘细节。勾线最常用的工具是针管笔和硬笔书法笔，其中，针管笔的笔尖较硬，能绘制出均匀、精致、准确的线条。针管笔的型号从极细的 0.03mm，到较粗的 0.7mm，非常多样；颜色除了黑色外，还有冷灰色、暖灰色、棕色、褐色、薰衣草色、酒红色等十几种常用颜色，可以根据需要进行选择。

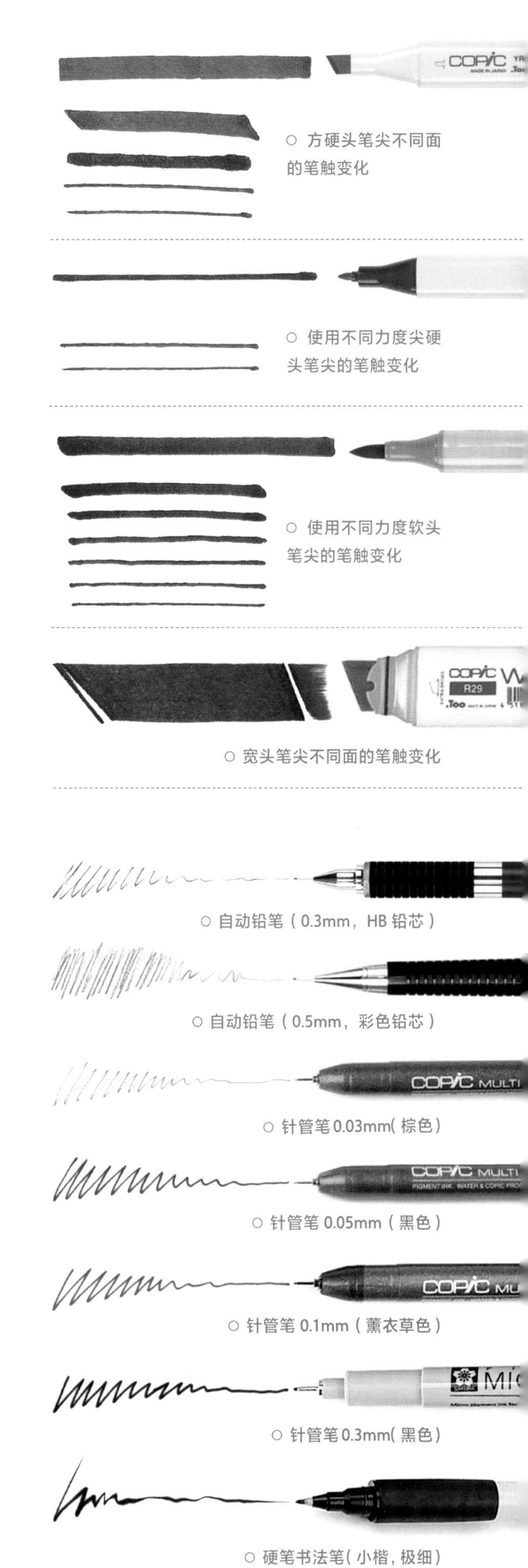

○ 方硬头笔尖不同面的笔触变化

○ 使用不同力度尖硬头笔尖的笔触变化

○ 使用不同力度软头笔尖的笔触变化

○ 宽头笔尖不同面的笔触变化

○ 自动铅笔（0.3mm，HB 铅芯）

○ 自动铅笔（0.5mm，彩色铅芯）

○ 针管笔 0.03mm(棕色)

○ 针管笔 0.05mm（黑色）

○ 针管笔 0.1mm（薰衣草色）

○ 针管笔 0.3mm(黑色)

○ 硬笔书法笔(小楷，极细)

硬笔书法笔

硬笔书法笔也称秀丽笔、美文字笔或软书法笔，笔尖有弹性，能够绘制出粗细变化明显的线条。硬笔书法笔也有多种型号，品牌不同型号的标识也不同，有的品牌以F（fine）、M（middle）、BS（brush）来标识，也有以极细（极小楷或小楷极细）、细（小楷或小楷细字）、中字（中楷）、大字（大楷）等来标识。小楷类硬笔书法笔（极细与细字）的笔尖较硬，但能绘制出比针管笔变化更多的线条，笔锋也非常明显，尤其适合绘制有凹陷起伏的衣褶，是马克笔时装画中最常用的勾线工具。中楷或大楷类的书法笔笔尖弹性较大，绘制出的线条粗细变化更大，具有较强的视觉冲击力，适合表现速写类或风格较强的时装画，不过这类书法笔控笔不易，想要绘制出流畅的线条需要大量练习。

彩色书法笔

彩色书法笔和硬笔书法笔一样，也使用有弹性的塑料纤维型笔尖，有着不同的型号，能够绘制出变化多样的笔触。由于色彩更加丰富，彩色书法笔既可勾线，也常用于绘制图案。

纤维笔

这里所说的纤维笔是特指使用水性墨水的彩色书法笔。与水性马克笔一样，纤维笔的色彩在未干燥时可以相互融合，不同的颜色可以进行渲染，形成自然柔和的过渡效果。同样需要注意的是，水性墨水容易损伤纸张，使纸张起毛破损。因此在进行渲染接色时，一定要趁着墨水未干时快速操作，切忌反复涂抹 。

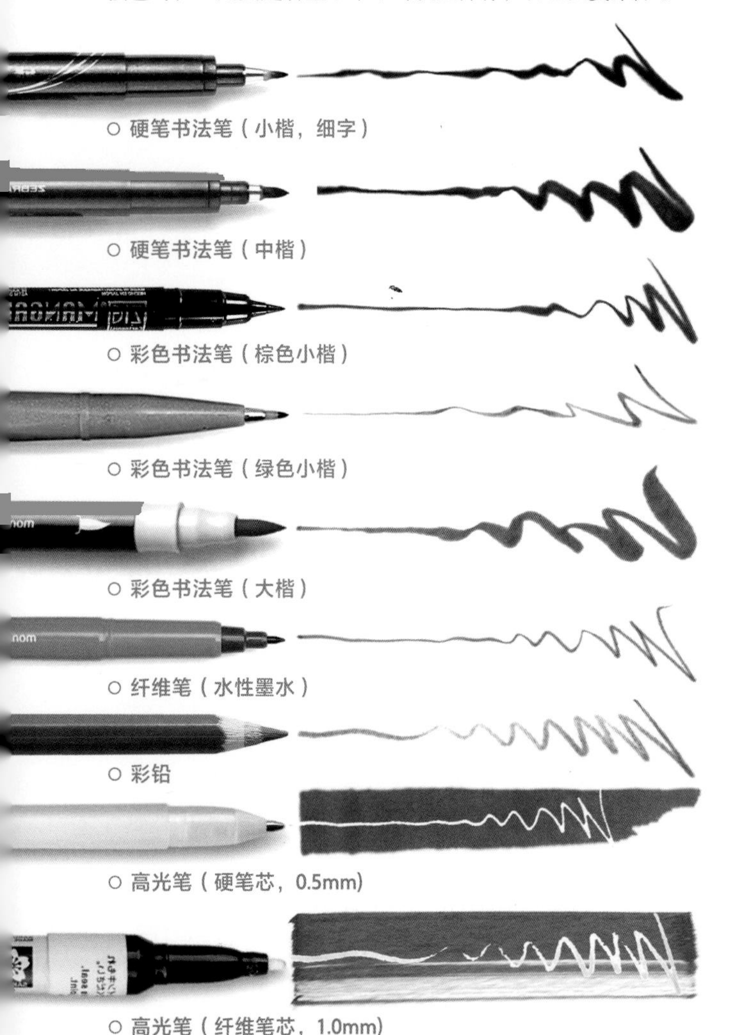

○ 硬笔书法笔（小楷，细字）

○ 硬笔书法笔（中楷）

○ 彩色书法笔（棕色小楷）

○ 彩色书法笔（绿色小楷）

○ 彩色书法笔（大楷）

○ 纤维笔（水性墨水）

○ 彩铅

○ 高光笔（硬笔芯，0.5mm）

○ 高光笔（纤维笔芯，1.0mm）

彩铅

彩铅也可以作为马克笔时装画的补充工具，用途主要有两个：一是利用彩铅的细腻笔触和柔和过渡来绘制细节，也可以用彩铅勾线修饰边缘轮廓；二是将彩铅和马克笔综合使用（例如马克笔铺底色后叠加彩铅），形成一定的肌理效果，丰富画面层次。

高光笔

高光笔是一种具有极强覆盖力的白色墨水笔，这里指的是硬芯高光笔，有从0.3mm到0.8mm的多种型号，可以用来绘制线性和点状的笔触，也可以涂出小面积的色块。这种高光笔的作用主要有三个：首先，顾名思义，用来提亮高光，尽管马克笔时装画在表现时需要留白来体现高光，但一些细节和光泽度的表现仍需要高光笔进行补充；其次表现反光，并进一步整理轮廓边缘，使结构转折更加清晰；最后是在深色底色上绘制图案。

油漆笔

油漆笔也可以算作一种高光笔，它墨水浓郁，有很强的覆盖力。油漆笔的笔尖较粗，通常分为0.7mm、1.0 mm和2.0mm三种型号，能绘制出小面积的块状笔触。根据用力程度不同，其笔触会呈现出一定的透明度变化。油漆笔可以用来提亮高光，也可以用来修改一些画错的笔触。

白墨水与丙烯颜料

高光笔或油漆笔绘制的笔触形状都缺少变化，因此在表现一些有光泽度的面料或图案时，可以使用白墨水或丙烯颜料。白墨水是一种覆盖力很强的速干型的树脂墨水，需要用软毛笔进行蘸取，借助软笔尖的特点绘制出多变的效果。值得注意的是，不论是使用高光笔、油漆笔、白墨水还是丙烯颜料，马克笔都无法再次叠色。

水彩

水彩和马克笔同属于半透明性画材，色彩都具有较高的透明度，适合搭配使用。水彩可用于大面积铺色，同时其干湿变化带来的丰富效果也可以增加马克笔时装画的表现力。常见的水彩颜料分为固体颜料和管状颜料，可以根据个人习惯与喜好进行选择。

○ 固体水彩

○ 管装水彩

○ 白墨水

2.1.3 纸张的选择

除了对笔的选择，马克笔时装画对纸张也有一定的要求，不同的纸张会对画面效果产生影响。总的来说，只要有一定吸水性、着墨均匀的纸张，就可以用来绘制马克笔时装画。

马克笔专用纸（专用本）

马克笔的墨水渗透力较强，如果采用普通纸张，会轻易渗透到纸张背面，甚至污染下层纸张或桌面。所以，马克笔专用纸在纸张背面会有一层光滑的涂层，防止墨水渗透。好的马克笔专用纸的纸面较为光滑，质地细腻，在纸面上运笔时能感觉到笔触滑爽，吸墨均匀，墨水干燥速度快，并且使马克笔显色鲜艳，多次叠色也不会出现纸张损伤。也可以使用单边封胶的马克笔专用本，本子最后通常垫有厚纸板，可以当作简易画板在绘画时调整纸面角度，使用方便。

绘图纸或彩铅纸

质地较为厚实（100g 以上）的绘图纸或彩铅纸也可以用来绘制马克笔时装画，只是要注意对墨水的渗透要提前做好防治措施，如在纸张下垫上几张不用的稿纸。绘图纸和彩铅纸的吸水性较马克笔专用纸更强，因此墨水干燥速度较慢，可以趁墨水未干时进行叠色，使色彩形成更为柔和自然的过渡。但是，因为纸张的吸水性会使画面颜色的干湿变化较大，通常墨水干燥后，颜色会发灰变浅，不如马克笔专用纸那么鲜亮。

原稿纸与肯特纸

原稿纸和肯特纸都属于绘图纸，原稿纸的纸面较为光滑，质地紧密，有的原稿纸带有标尺刻度便于绘制辅助线；肯特纸略微粗糙一些，有些品种的肯特纸带有细微的纹理和颗粒感。用原稿纸和肯特纸绘制马克笔的效果和绘图纸接近，不过色彩还原度会略好于绘图纸。

水彩纸

如果要使用水彩纸来绘制马克笔时装画，一定要选择细纹水彩纸，中粗纹和粗纹的水彩纸较为粗糙的质地很容易被马克笔及其他硬笔磨毛划伤；纸张的纤维还容易堵塞针管笔的笔孔。

用水彩纸绘制马克笔的优点是能够形成更为丰富和细腻的色彩深浅变化。水彩纸不仅吸水性更好，马克笔墨水在水彩纸上的干湿变化也很小，使得同一支马克笔在水彩纸上通过不断叠色所形成的色阶数量远超过马克纸。再加上水彩纸的强吸水性使墨水的干燥速度比绘图纸更慢，就有了更充分的时间进行色彩融合和渲染。但水彩纸的缺点也是显而易见的，会磨损马克笔的笔尖，强吸水性也会快速消耗马克笔的墨水。如果用的是不能替换笔尖、不能补充墨水的马克笔，那就会对马克笔造成较大的浪费。

底色纸

一些吸水性较好，带有底色的纸张也可以用来绘制马克笔时装画，如灰卡纸、牛皮纸、色粉纸、刚古纸等等，形成特殊的装饰性风格。需要注意的是，马克笔墨水的透明性会使墨水颜色和纸张颜色相叠加，纸张的颜色会影响马克笔原本的颜色，因此不宜选择颜色太深的底色纸，否则画面颜色的深浅变化会非常少。底色纸还能起到很好的烘托作用，可以结合高光笔或白墨水，在表现有光泽度的材质时事半功倍。

○ 马克笔专用本

○ 绘图纸

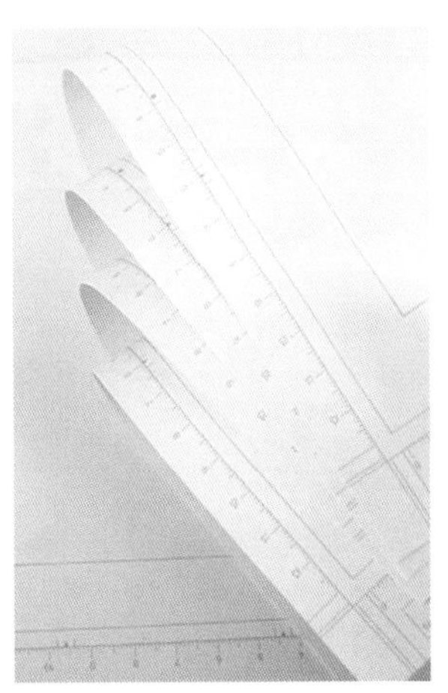
○ 原稿纸（带刻度）

○ 水彩纸
（从左至右：粗纹、中粗纹、细纹）

○ 各种底色纸

2.2 马克笔的基础技法

马克笔的工具性质决定了马克笔采用的基础技法：其一，马克笔属于硬笔，即便是有弹性的软头笔尖也不可能像水彩一样形成微妙的色彩变化与自然柔和的过渡，利用其笔触形状的变化达到多样性效果就成为马克笔最典型、最具特色的表现形式；其二，马克笔在调色和混色上有一定困难，单一色彩的深浅变化也较为有限，这样一来着色时控笔的力度非常重要，并且在接色和叠色上要掌握一定的方式方法；其三，马克笔在细节刻画上不够精准，并且行笔速度快容易出错，这就需要通过勾线来对轮廓和结构进行规范、强调、刻画和矫正。

2.2.1 马克笔的笔触

受限于笔尖的性质和形状，马克笔能绘制出的笔触效果并不算多，但是配合用笔的力度、角度、速度、按压节奏等，也能产生多种变化，再将这些有变化的笔触组合起来，也能形成丰富的画面效果。

○ 方硬头运笔

使用方硬头笔尖，落笔稍重，行笔力度由重到轻，收笔时快速提起，形成前实后虚的效果。

○ 方硬头扫笔

使用方硬头笔尖，落笔轻，行笔时力度稍重，收笔时快速提起，形成两端虚中间实的效果。

○ 方硬头快速轻扫

使用方硬头笔尖，落笔稍重，行笔时力度轻并且速度快，收笔时快速提起，形成“飞白”的效果。

○ 软头侧锋运笔

侧锋使软头笔尖大面积接触纸张，落笔稍重，行笔力度由重到轻，收笔时快速提起形成明显的笔锋。

○ 方硬头侧转笔尖运笔（提笔出锋）

使用方硬头笔尖，落笔稍重，行笔过程中侧转笔尖，收笔时快速提起收出尖锐的笔锋。笔触在笔尖侧转处会产生明显的宽窄变化。

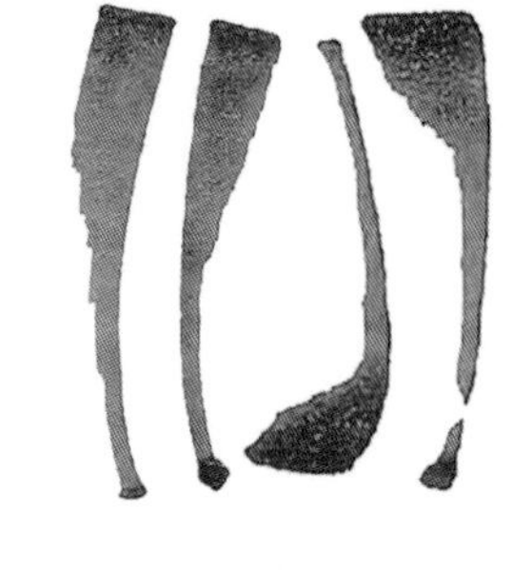

○ 方硬头侧转笔尖运笔（顿笔收锋）

使用方硬头笔尖，落笔稍重，行笔过程中侧转笔尖并保持力度平稳，收笔时略微顿笔，形成前宽后窄、前实后实的笔触。

○ 方硬头块状笔触

使用方硬头笔尖，利用笔尖方正的形状，短笔触绘制出小的方形色块。略微调整笔尖角度和行笔方向，就能产生更多变化。

○ 方硬头侧转笔尖行笔

使用方硬头笔尖，用均匀的力度绘制长笔触，在行笔过程中有规律地侧转笔尖角度，使平面的笔触产生立体的透视感。

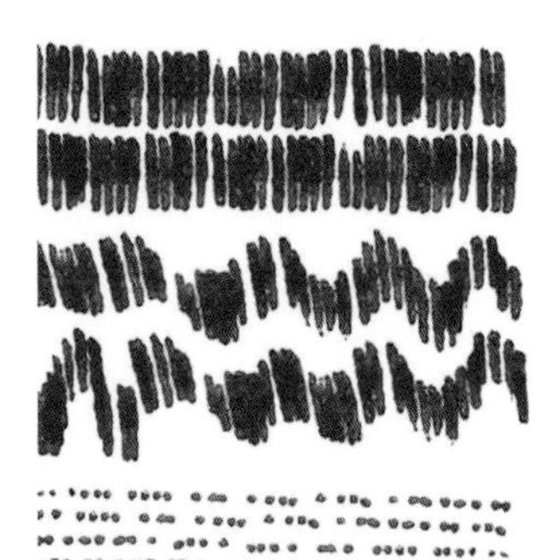

○ 尖硬头短笔触

使用尖硬头笔尖，绘制短线条和点状笔触。尽管笔触的宽窄、粗细变化较少，但可以改变笔触的长短和排列形式。

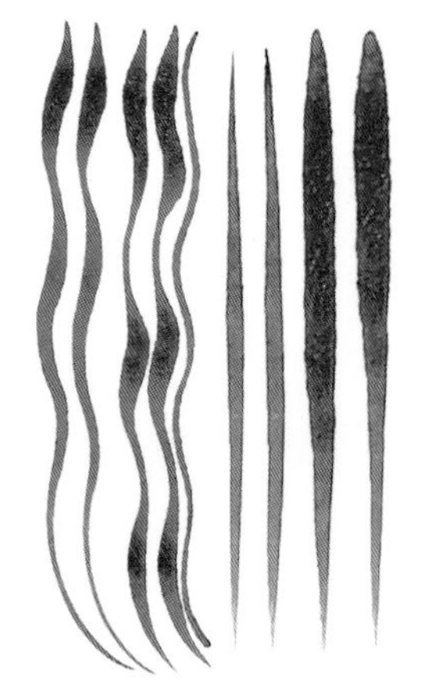

○ 软头中锋按压行笔

使用软头笔尖中锋行笔，行笔过程中调整用笔力度来改变笔触的粗细变化。与方硬头相比，软头笔尖表现出粗细变化更加自然。

○ 软头点状笔触

软头笔尖可以在落笔时反复“揉笔”，收笔时迅速提笔，来加大粗细变化。绘制均匀的点状笔触时，反而要保证力度相同。

○ 软头笔尖轻扫

将软头笔尖立起，快速轻扫过纸面，形成两端尖的细线，力度越轻速度越快，线条越细越虚。这种方法可以用来表现细微的纹理。

2.2.2 马克笔的着色

马克笔的颜色不像水彩那样易于调和，想要绘制出丰富的色彩变化，首先需要准备充足的马克笔色号。但马克笔的颜色并非是不可调和。明度深浅变化可以通过单一颜色在铺色时力度的轻重和叠加的次数来改变，也可以通过色号相近的颜色接色或叠色来改变。色相的变化则通常是通过叠色来改变的。因为马克笔颜色的透明性，一般是先绘制浅色再叠加深色，但就色相的变化而言，在浅色上叠加深色或是在深色上叠加浅色得到的效果基本相同。所以，在留白面积足够的前提下，先绘制深色再叠加浅色也是可行的。

○ 方硬头平涂

颜色较为均匀，笔触衔接处容易出现笔痕。

○ 软头平涂

颜色均匀，几乎无笔痕。

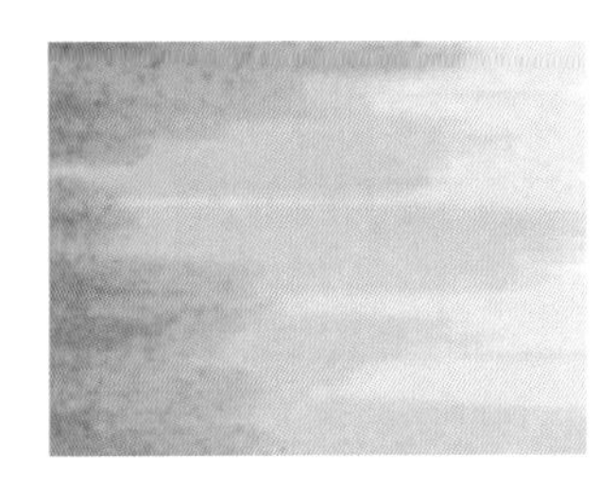

○ 方硬头同类色叠色渐变

会产生笔痕，但色彩过渡较为自然的过渡，使用有虚实变化的“扫笔”能使过渡更柔和。

○ 方硬头邻近色叠色渐变

明度相近的邻近色在叠色时过渡较为自然，但要趁着墨水未干时叠色，否则笔痕会更加明显。

○ 方硬头对比色接色

色差较大的颜色不适合叠色，叠色会使颜色变脏，可以借助扫笔产生的“飞白”效果使色彩交融。

○ 软头同类色晕染叠色

软头笔尖的颜色过渡更加细腻柔和，在墨水未干时反复渲染，会形成几乎没有笔痕的渐变色。

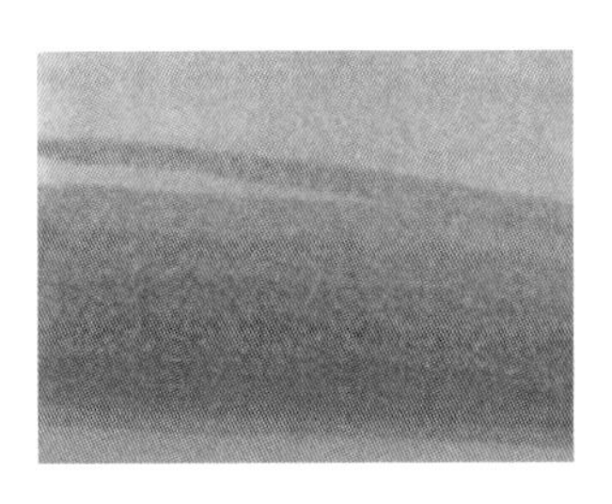

○ 软头对比色晕染叠色

对比色的叠色晕染产生的效果类似水彩调色，会得到一个饱和度和明度都较低的复色。

○ 深色上叠加浅色

通常马克笔的着色顺序是先浅后深，但在深色上叠加浅色，还是能够改变原有的色相。

2.2.3 轮廓线的处理

轮廓线的处理对马克笔时装画而言非常关键，大致遵循下面两个原则：第一，根据绘制对象的质感来处理轮廓线，光滑、轻薄或繁密的对象使用较细的均匀线条，如皮肤、发丝、薄纱等；厚重、粗糙的对象用较粗的线条，立体感较强或起伏明显的对象则采用粗细变化明显的线条。第二，根据画面风格来处理轮廓线，笔触明显、简练的画面，轮廓线清晰明显一些；笔触柔和，色彩过渡自然的画面，轮廓线可适当弱化，甚至不勾轮廓线，直接用马克笔的笔触形状进行塑形。

○ 用铅笔勾勒轮廓线

铅笔勾线大多用于起稿，也可以用于最终的定稿，形成铅笔淡彩的风格。

○ 用棕色针管笔勾勒轮廓线

棕色针管笔能勾勒出纤细而精致的线条，适用于雅致清新的画面风格，或是表现浅色服装。

○ 用黑色针管笔勾勒轮廓线

黑色针管笔勾勒的线条粗细变化会更明显一些，还可以在阴影死角或凹陷处适当补笔加粗线条。

○ 用黑色小楷笔勾勒轮廓线

黑色小楷笔能够绘制出粗细变化更明显、更有层次感的线条，但是线条的精准度不易控制。

2.3 马克笔时装画的不同表现方法详解

尽管在表现力上,马克笔不如水彩或其他使用软笔尖的画种丰富,但是通过对笔触形状的变化、叠色方法和顺序的不同、辅助工具的使用以及表现方式和风格的变化，马克笔时装画在快速表现的同时也会呈现出多样性和趣味性。本小节将介绍几种常用的马克笔时装画技法，希望大家在掌握了常规技法后，能够自己探索与发掘更多的创新性技法与风格。

2.3.1 勾线着色法

勾线着色法是马克笔时装画中应用最为广泛的方法之一，为了弥补马克笔用笔触造型不够精确的“缺陷”，最简洁有效的方法是采用鲜明、醒目的轮廓线来造型，即在着色前（也可以在着色后）进行勾线。

通常情况下，头部五官、发型、四肢及其他外露的皮肤，会采用纤细的针管笔或纤维笔勾线，用来表现皮肤的光滑或发丝的顺滑；一些浅色的配饰也可以用针管笔或纤维笔勾线，使轮廓线和色彩融为一体。服装和深色的配饰通常采用小楷笔（黑色或棕色皆可）勾线，通过线条的粗细变化来表现服装的质感、体积感和褶皱的起伏。

勾线着色法表现步骤详解

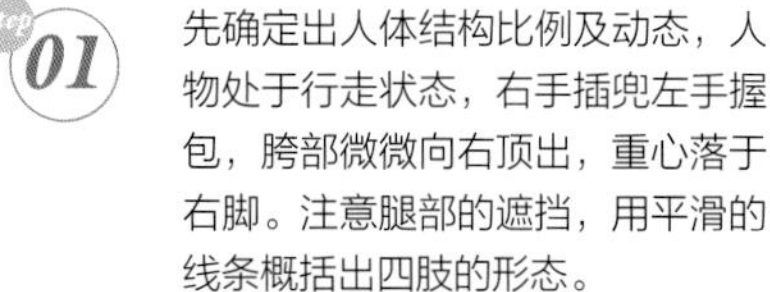

Step 01 先确定出人体结构比例及动态，人物处于行走状态，右手插兜左手握包，胯部微微向右顶出，重心落于右脚。注意腿部的遮挡，用平滑的线条概括出四肢的形态。

Step 02 用铅笔在人体轮廓的基础上概括出发型和五官的大致轮廓。根据人体的动态和比例关系，勾画出服饰的大概廓型，尤其注意服装肩部的松量，并根据人物的动态绘制出褶皱的位置和走向。

Step 03 对人体及服装进行勾线。用棕色针管笔勾勒出面部五官、发型和四肢，并勾画出饰品；用黑色小楷笔对服装和手包进行勾线，注意用线条的粗细变化表现出褶皱的起伏。最后擦除铅笔线稿。

Step 04

用浅肤色为脸部、脖颈及四肢浅铺出底色。在眼窝、鼻梁、鼻底、双颊及脸与脖子的交界处进行叠色，并加深手臂及腿部转折处，初步表现出皮肤的明暗关系。

Step 05

用深一些的肤色强调五官的暗部，表现出面部的立体感。同时加深衣服与手臂及腿部的交接处及皮肤的暗部，突出人体的体积感。绘制时注意留出高光区域。

Step 06

用深一号的肤色叠加皮肤的暗部和阴影。用红赭色、墨绿色绘制出眉毛并晕染出眼妆，用蓝色及黑色绘制瞳孔并勾画出鼻孔和唇中缝，用红色绘制出嘴唇，然后用高光笔点出瞳孔、鼻头及嘴巴的高光，并为眼部妆容增加亮色点缀。耳饰要通过强烈的明暗对比来表现出金属的质感。

Step 07

用浅黄色铺出头发的底色，头顶高光处要留白，来表现头部球体的体积。用深一号的黄色加深发根及暗部，明确头发的层次。

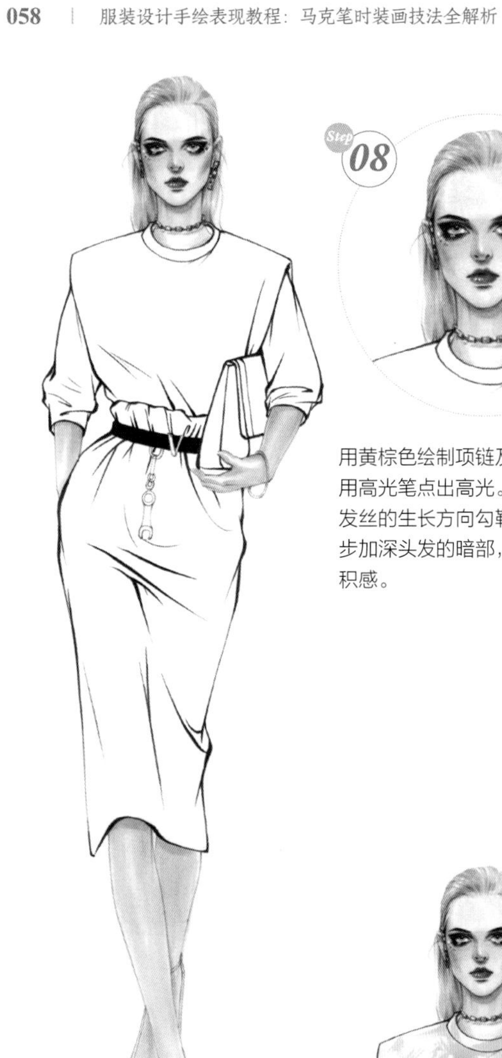

Step 08

用黄棕色绘制项链及手镯的颜色，用高光笔点出高光。用黄橙色根据发丝的生长方向勾勒出发丝，进一步加深头发的暗部，强调头发的体积感。

Step 09

用浅黄绿色绘制上衣的花纹，注意根据人体的曲线起伏，改变用笔力度绘制出粗细不均的线条，表现出深浅变化的花纹笔触。

Step 10

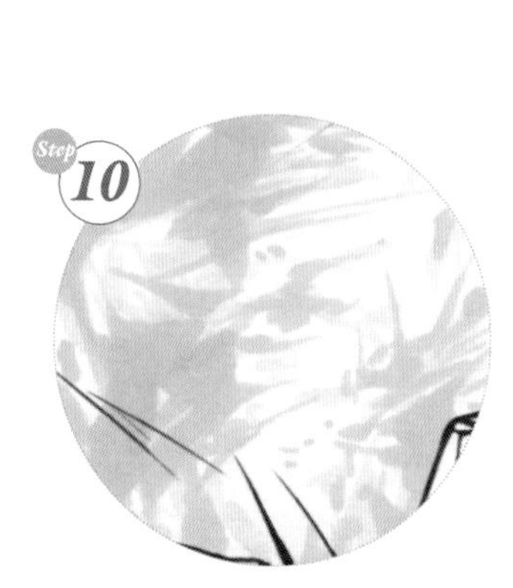

用嫩绿色以不同的笔触叠加绘制花纹的暗部，注意根据褶皱的走向运笔，在褶皱堆积处加深阴影。

Step 11

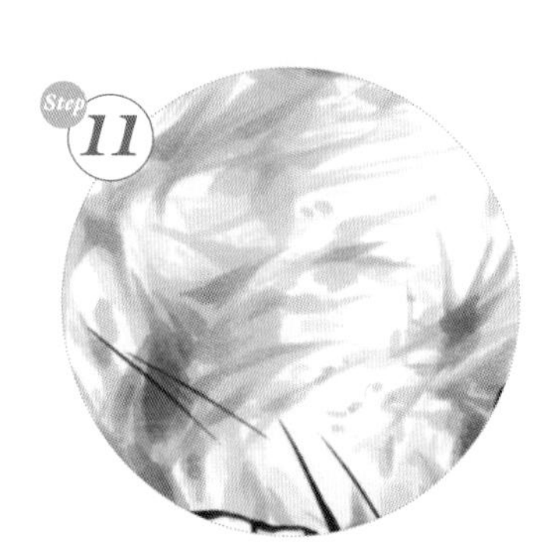

进一步用深绿色加深褶皱处的花纹，通过改变笔触的方向和形状，表现出随意的花纹形状，使褶皱的暗部区域更为明显，并丰富花纹的层次变化。

Step 12

用灰色铺陈出裙子及手包的底色，注意留白高光区域，表现出圆柱体的体积感。用深一号的灰色加深暗部，表现出明暗关系。绘制时注意根据褶皱的走向改变笔触的方向，表现出褶皱的形状。

Step 13

进一步绘制裙子与手包的阴影及褶皱，表现裙子的体积。并用高光笔绘制亮部及高光区域，突出立体感。

Step 14

用更深一号的灰色细致刻画裙子及手包的褶皱及阴影的形状，完善手包搭盖及腰带饰品等细节。用浅灰色铺出皮鞋的底色，加深暗部区域及明暗转折面，留白高光形状，突出皮革质感及鞋子的立体感。绘制裙子及手包上的装饰花纹，点出高光。最后用红色笔触绘制出背景，丰富画面效果。

勾线着色法表现案例赏析

2.3.2 层叠淡彩法

层叠淡彩法与勾线着色法相对，用铅笔起稿后不使用小楷笔勾勒变化明显线条，而是直接用马克笔进行着色，表现出人物的体积感及服饰质感；或者采用彩色针管笔或纤维笔，在画面局部或整体勾勒细线，在画面完成后，使轮廓线和着色能够融为一体；也可以先不勾线，在着色后使用彩铅等辅助工具勾勒局部轮廓线。

不论是哪种方法，层叠淡彩法都要求对笔触有更强的控制力，尤其是要使用层叠着色表现出自然过渡的色彩，通常需要借助软头马克笔来实现。与勾线着色法相比，层叠淡彩法虽然少了一些简洁明快的风格，但是能更加集中地体现出马克笔笔触变化的魅力。

层叠淡彩法表现步骤详解

Step 02 在人体结构基础上概括出服饰的轮廓。裙子质感较轻盈，用长且柔的线条表现其褶皱；裙子及靴子较贴身，注意表现出身体曲线。此外，服装的透视要和人体的透视保持一致。

Step 01 用铅笔勾勒出人体动态轮廓，并勾勒出五官。模特上身微向左压肩，胯部向右侧上抬，重心落于右脚，左脚向后微微抬起。绘制帽子时要使帽子能够包裹住头部。

Step 03 用棕色针管笔为面部、头发、身体及靴子部分勾线，将裙子的铅笔稿整理干净，擦除不需要的辅助线。

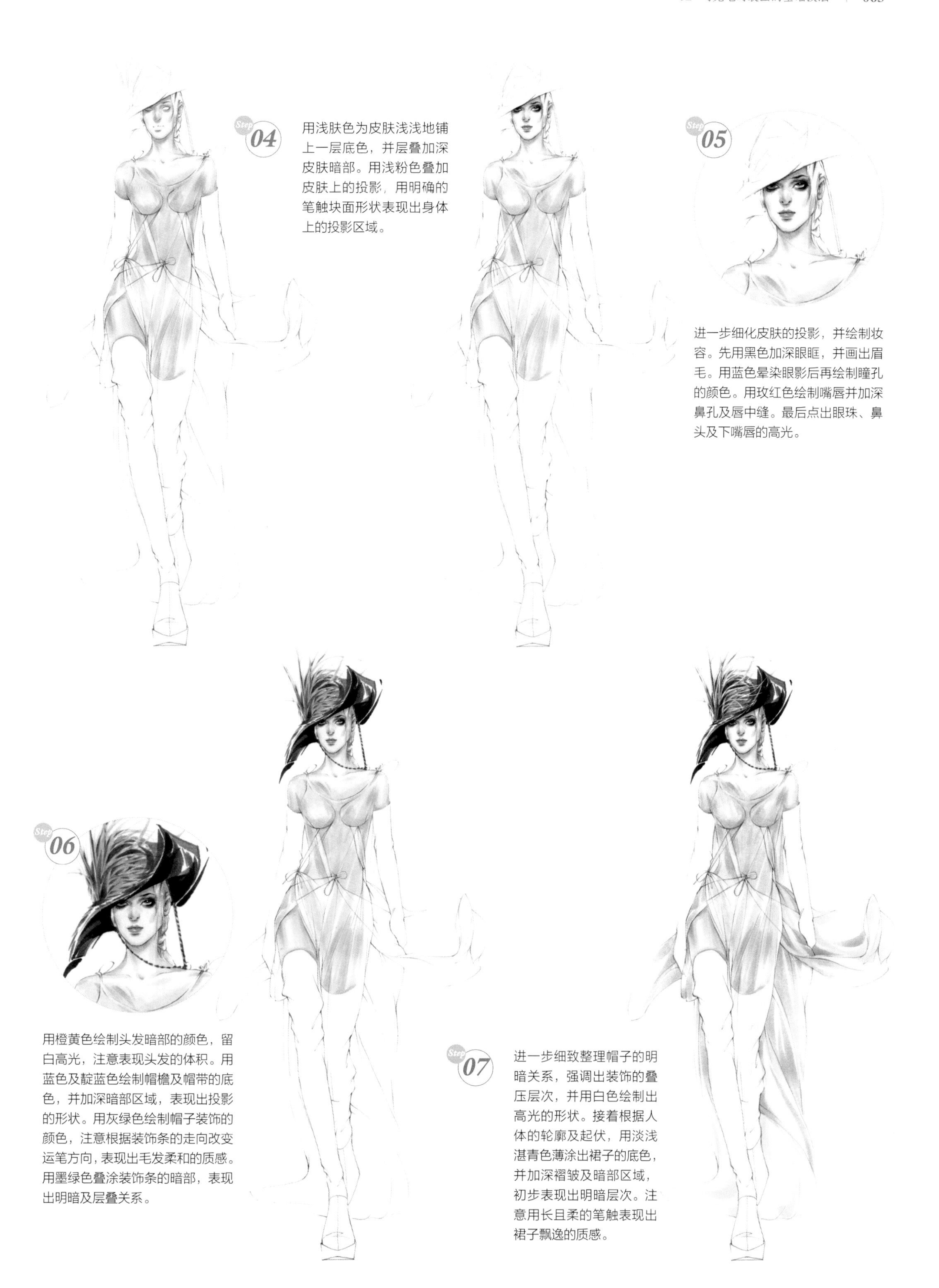

Step 04

用浅肤色为皮肤浅浅地铺上一层底色，并层叠加深皮肤暗部。用浅粉色叠加皮肤上的投影，用明确的笔触块面形状表现出身体上的投影区域。

Step 05

进一步细化皮肤的投影，并绘制妆容。先用黑色加深眼眶，并画出眉毛。用蓝色晕染眼影后再绘制瞳孔的颜色。用玫红色绘制嘴唇并加深鼻孔及唇中缝。最后点出眼珠、鼻头及下嘴唇的高光。

Step 06

用橙黄色绘制头发暗部的颜色，留白高光，注意表现头发的体积。用蓝色及靛蓝色绘制帽檐及帽带的底色，并加深暗部区域，表现出投影的形状。用灰绿色绘制帽子装饰的颜色，注意根据装饰条的走向改变运笔方向，表现出毛发柔和的质感。用墨绿色叠涂装饰条的暗部，表现出明暗及层叠关系。

Step 07

进一步细致整理帽子的明暗关系，强调出装饰的叠压层次，并用白色绘制出高光的形状。接着根据人体的轮廓及起伏，用淡浅湛青色薄涂出裙子的底色，并加深褶皱及暗部区域，初步表现出明暗层次。注意用长且柔的笔触表现出裙子飘逸的质感。

Step 08

用连贯的长笔触进一步细化裙子的暗部及褶皱，注意改变用笔力度和笔尖方向绘制出不同粗细的线条，表现出纱裙的质感。用绿色点绘一些大小不一的小色块，表现裙子胸部的花纹。

Step 09

用靛蓝色绘制长手套，用土黄色绘制长筒靴。两者都比较贴身，要表现出圆柱体的体积感。褶皱主要集中于关节处，注意根据身体动态和透视来表现褶皱的形状和走向。左腿位于后方，注意蓝色裙子对靴子的影响。

Step 10

整体细化画服饰的明暗层次，加深暗部及投影，塑造胸部的体积感。绘制时注意身体曲线及轮廓起伏对褶皱的影响。

Step 11

进一步加深靴子的暗部，明确投影的形状，细化并强调明暗对比，突显出皮革的质感。为裙子部分添加环境色，表现出裙子透明的面料质感。

Step 12 用高光笔绘制服饰高光，添加细节。最后用亮黄色笔触绘制背景，笔触率性洒脱，丰富画面层次，烘托整体造型风格，完成案例的绘制。

层叠淡彩法表现案例赏析

2.3.3 省略简化法

马克笔的快速表现，一方面是由工具的特性实现的——马克笔不用调色（或是直接在纸面上进行叠色），绘制时行笔速度快，没有什么修改的余地，笔尖的粗细也决定了其无法对画面细节进行特别精致的刻画；另一方面，快速表现也可以通过省略简化法来实现，这种方法是通过虚实对比来实现的。

省略简化法需要绘画者有较强的归纳概括能力——哪些部位适合省略和简化，省略简化到何种程度，省略简化的部分是用线条勾勒还是色块表现等，这都需要绘画者根据画面具体情况加以判断。较为常见的省略简化方法有两种，一是对亮部的省略简化，增大留白面积，受光部分人物或服装结构转折的关键处用寥寥几笔概括，营造出类似强光照射的效果；二是对暗部的省略简化，即大量的暗部结构和细节统一在浓重的阴影中或被阴影掩盖。本小节案例采用的是第一种方法，能更好地体现马克笔轻松、简洁的风格。

省略简化法表现步骤详解

Step 01 起草人体动态轮廓，模特上半身直立，双臂自然下垂摆动，胯部向左侧顶起。左脚在前，右脚在后，重心落于左脚。

Step 02 在人体基础上勾画出五官及发型，并绘制出服饰的廓型。上半身服饰较贴身，褶皱较少；下半身裙摆垂坠感较强，褶皱多而密，用长且直的排线线条来表现。

Step 03 用棕色针管笔为五官、皮肤部分勾线，用黑色针管笔勾勒服饰，用小楷笔绘制头发，通过笔触的粗细变化表现出头发的层次，受光部分可以适当省略。

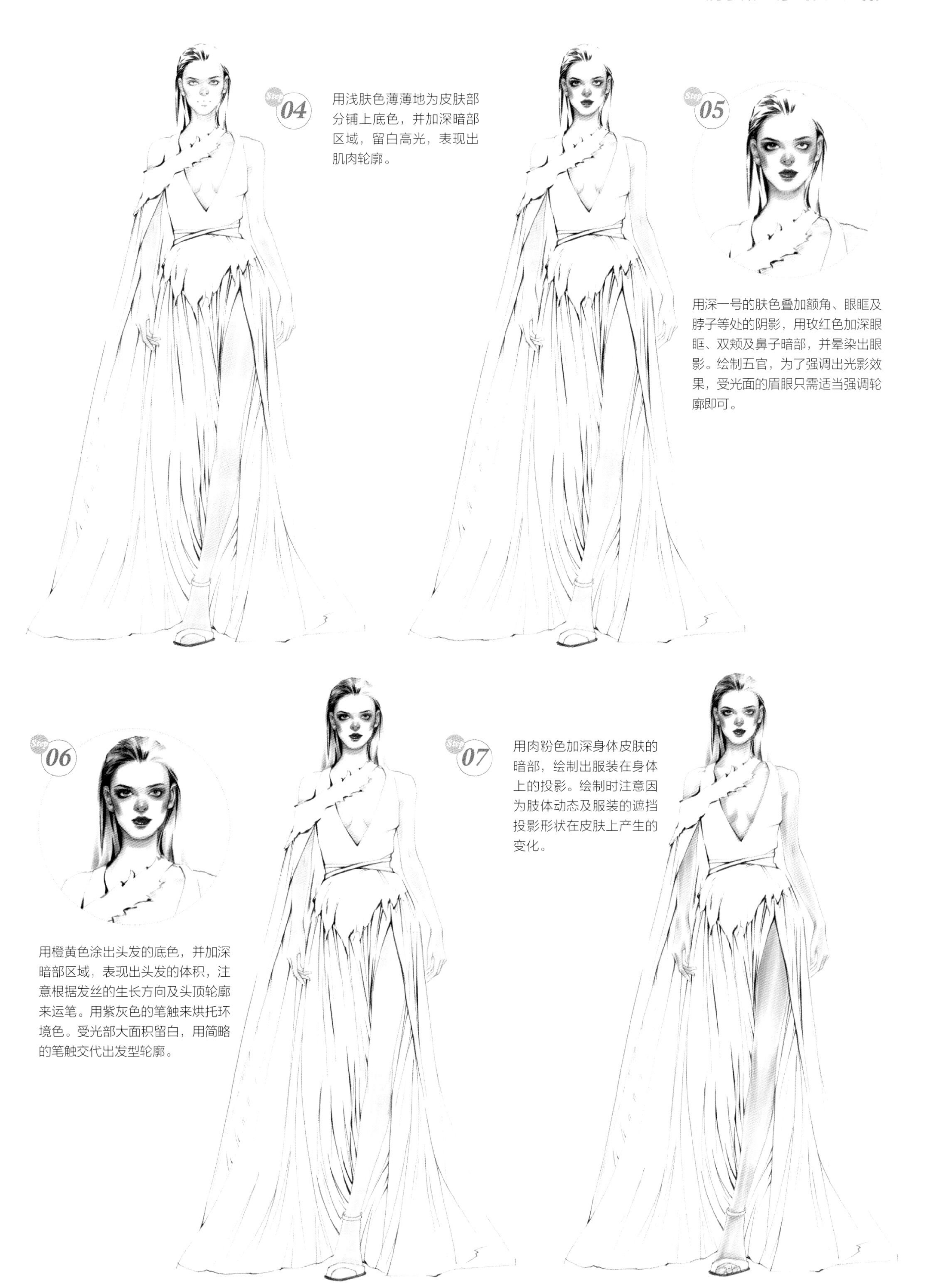

Step 04

用浅肤色薄薄地为皮肤部分铺上底色，并加深暗部区域，留白高光，表现出肌肉轮廓。

Step 05

用深一号的肤色叠加额角、眼眶及脖子等处的阴影，用玫红色加深眼眶、双颊及鼻子暗部，并晕染出眼影。绘制五官，为了强调出光影效果，受光面的眉眼只需适当强调轮廓即可。

Step 06

用橙黄色涂出头发的底色，并加深暗部区域，表现出头发的体积，注意根据发丝的生长方向及头顶轮廓来运笔。用紫灰色的笔触来烘托环境色。受光部大面积留白，用简略的笔触交代出发型轮廓。

Step 07

用肉粉色加深身体皮肤的暗部，绘制出服装在身体上的投影。绘制时注意因为肢体动态及服装的遮挡投影形状在皮肤上产生的变化。

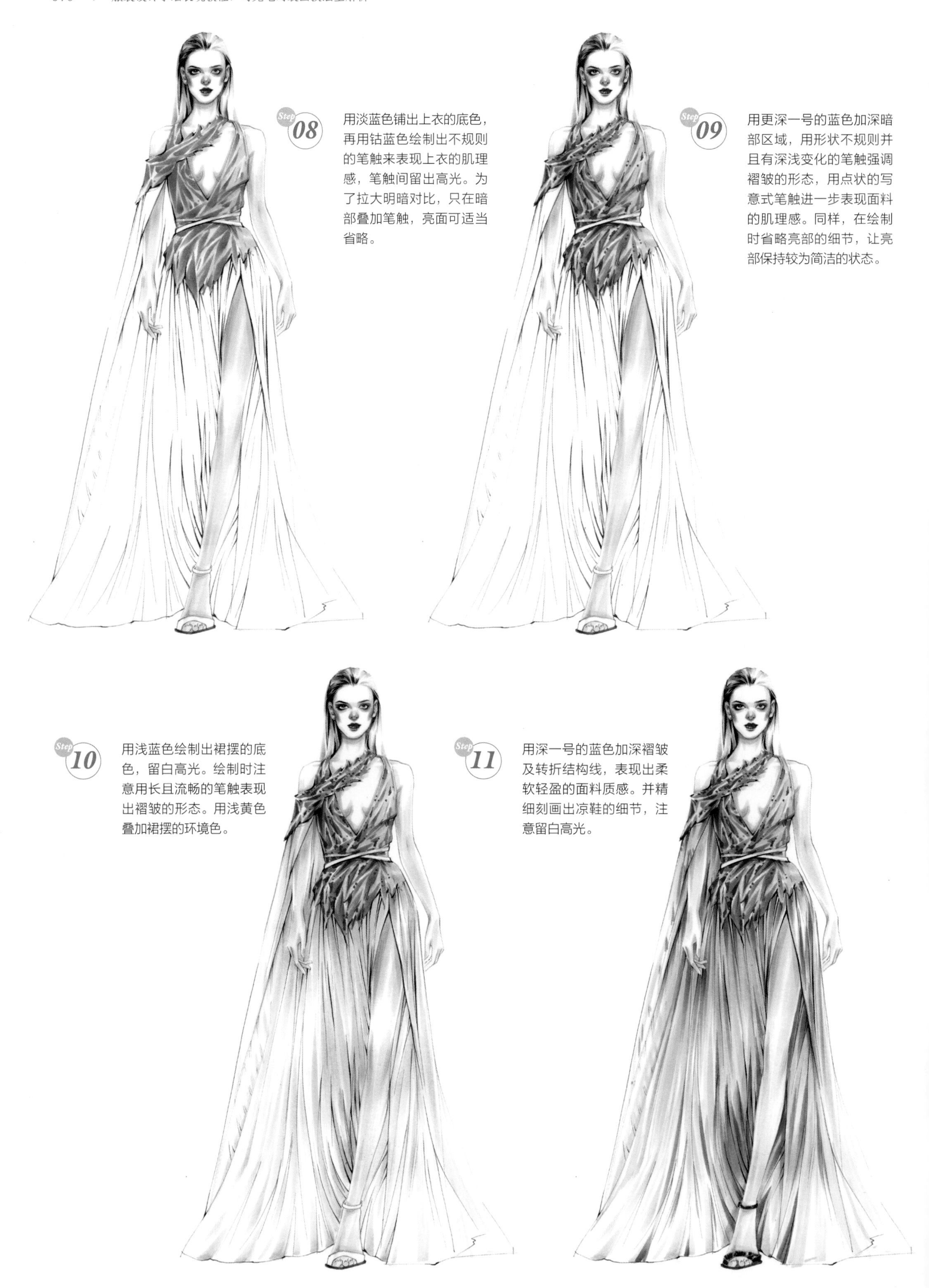

Step 08
用淡蓝色铺出上衣的底色，再用钴蓝色绘制出不规则的笔触来表现上衣的肌理感，笔触间留出高光。为了拉大明暗对比，只在暗部叠加笔触，亮面可适当省略。
Step 09
用更深一号的蓝色加深暗部区域，用形状不规则并且有深浅变化的笔触强调褶皱的形态，用点状的写意式笔触进一步表现面料的肌理感。同样，在绘制时省略亮部的细节，让亮部保持较为简洁的状态。
Step 10
用浅蓝色绘制出裙摆的底色，留白高光。绘制时注意用长且流畅的笔触表现出褶皱的形态。用浅黄色叠加裙摆的环境色。
Step 11
用深一号的蓝色加深褶皱及转折结构线，表现出柔软轻盈的面料质感。并精细刻画出凉鞋的细节，注意留白高光。

Step 12 调整裙子的褶皱细节，强调出明暗的层次和对比。用蓝黑色细致刻画腰带，注意表现出明暗体积。用高光笔勾勒裙子高光的形状并点出闪亮的高光点，增加装饰效果及立体感。

Step 13 为腰带及凉鞋添加高光，增添质感和整体协调性，丰富画面效果，完成绘制。

省略简化法表现案例赏析

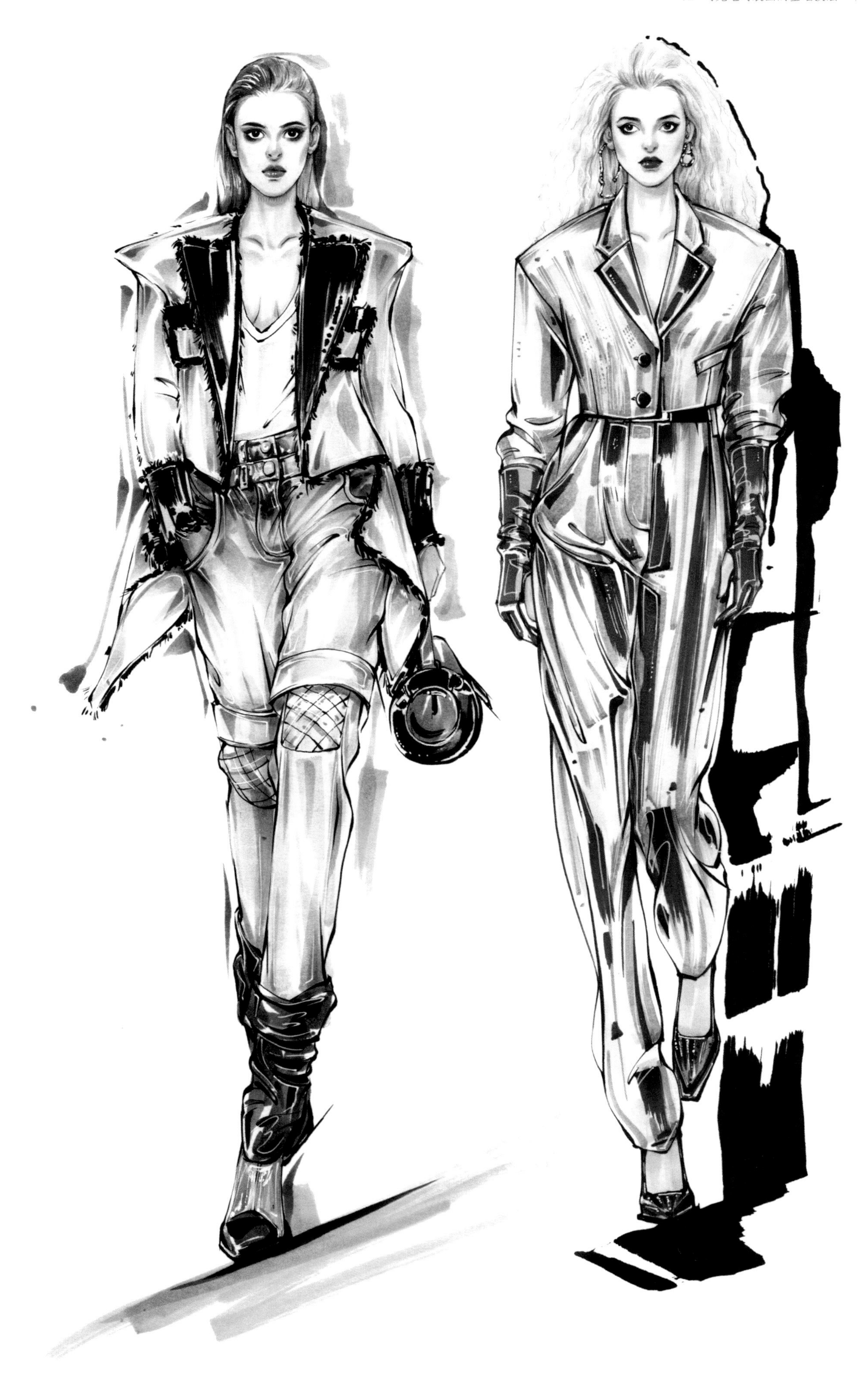

2.4 用马克笔表现双人组合时装画

双人组合时装画的画面复杂，细节繁多，因此要在起稿时就要做到尽量准确，避免在绘制了诸多细节后再进行大量修改。这就要求在起稿时对人体的比例、透视以及人物间的相互关系把握准确，尤其是肢体间的遮挡关系要仔细梳理。同时，服装的透视与人体透视要保持一致。

双人组合时装画如果表现的是同系列服装，可以在服装的造型细节、面料材质、服饰品搭配甚至是模特的发型妆容上追求变化，避免造型过于雷同；反之如果表现的是不同系列服装，则可以在用笔方式、笔触风格等方面追求统一性。

2.4.1 双人组合时装画表现步骤详解

先确定人物的姿态及位置关系，绘制出动态轮廓及五官。画面右侧人物正面直立，双手交于面前，重心落于右脚；画面左侧人物侧转身体，左手搭在另一人的肩上，右手抓着背包，重心落于左脚，在绘制时要尤其注意上身侧转所形成的透视关系。

在人体轮廓基础上，绘制出发型及服饰轮廓。两者的服装都较为贴身，注意根据模特的身体曲线及动态来表现褶皱线条。画面左侧人物的服装要尤其注意与人体的透视保持一致。

Step 03 用浅棕色针管笔对头部及四肢等皮肤部分勾线，并画出墨镜的线条。用黑色小楷笔对服饰部分进行勾线，通过线条的粗细表现褶皱形态的变化。擦除铅笔草图，保留勾线线稿。

Step 04 用浅肤色平涂皮肤部分的底色，留白高光区域。用深一号的肤色叠加暗部阴影，表现出骨骼的转折点及肌肉的轮廓。画面右侧人物的袖子底料为透明材质，会透出皮肤底色。

Step 05 进一步强调皮肤的暗部区域，表现出肢体圆柱体的立体感。用红色绘制出嘴唇，注意用深浅变化的笔触表现出上下唇的立体结构。

Step 06 用橙黄色绘制头发的颜色，既要表现出头发的层次，又要表现出头顶球体的体积感。用土黄色绘制出右侧人物的耳饰，通过强烈的明暗对比表现出金属质感。用深灰色绘制墨镜，再用黑色叠加暗部，用白色提亮高光及反光区域，表现出墨镜的质感及立体感。

进一步细化墨镜的明暗及高光形态，强调墨镜的质感。用浅灰色铺出皮质衣裙及鞋子的底色，注意根据身体起伏改变用笔的方向，表现出褶皱的形态，并留白高光区域。

Step 08

皮质面料的光感较强，且质地较柔韧，褶皱的高光及阴影的形态都较为清晰。用深色以明确的笔触形状，叠加裙子及鞋子的暗部，表现褶皱的形态，笔触间留出明确的高光区域，表现出皮革的光感质感。

用黑色细致刻画左侧人物的裙子及鞋子的明暗对比。裙子的胸部、腰部及裙摆处，以及靴子的脚踝处，因质地特征会形成较多形状明确的褶皱及高光，绘制时注意改变笔触的变化，绘制出立体感。

用同样的方法强调加深右侧人物的裙子及鞋子的明暗对比。胸衣式外衣的胸部以及皮革质地的裙子的腰部及大腿根部，会形成较多褶皱，高光明显，绘制时同样注意通过笔触的变化，表现出质感及光感。

Step 11

整体调整皮革裙子及鞋子的暗部，加深腋下、胸部下方以及相互遮挡位置等处的阴影。用有覆盖力的白色根据褶皱的走向，提亮受光区域，明确高光。

Step 12

用灰色薄薄地涂出画面左侧人物右臂T恤的蕾丝底色，然后用黑色绘制蕾丝花纹，注意根据手臂的透视关系改变笔触的走向，表现出圆柱体的体积感。画右侧的人物上衣时，先用灰色铺出T恤的底色，再用深一号的灰色加深暗部，强调出褶皱及投影的形状。用橙黄色绘制右侧人物衣服上的饰品及首饰的底色。

Step 13

画面右侧人物的T恤比较贴身，用黑色以更加明确的块面形状，强调出T恤的暗部及褶皱的投影。注意根据褶皱的走向以及人体轮廓起伏改变用笔力度，表现出褶皱的形状细节。接着绘制出饰品的花纹细节，并用白色绘制出高光，突显出服装材质的光泽感。

Step 14

选用中度灰色绘制皮包的底色，注意留白高光区域。用深一号的灰色加深暗部及投影，强调出体积感。用橙黄色和赭褐色绘制金属装饰及包链，强调明暗对比，突出金属质感。用白色绘制高光，提亮亮部区域。最后根据人物动态及构图添加背景色，丰富画面效果，完成绘制。

2.4.2 双人组合时装画表现案例赏析

03 用马克笔表现服装款式

3.1 用马克笔表现西服

西服常见于较为正式的商务场合，用以体现着装者的专业性和职业素养，尤其是在 20 世纪 70、80 年代，经典的“吸烟装”更是成为女性的“战袍”。传统的西服通常以裤套装或裙套装的形式出现，造型挺括，突出着装者干练、理性的一面。但随着商务休闲风的经久不衰以及越来越多行业对从业者创新性及独特性的重视，西服的款式、材质和搭配也越来越自由，从职业场合融入到日常生活。

本小节案例中所表现的是宽松款的休闲西服，直线造型的简洁西服款式搭配个性极强的印花长 T 恤及长靴，在干练潇洒中透露出浪漫的艺术气息。在表现时，简洁有力的大笔触和精细的刻画并存，使画面丰富，耐看。

3.1.1 西服表现步骤详解

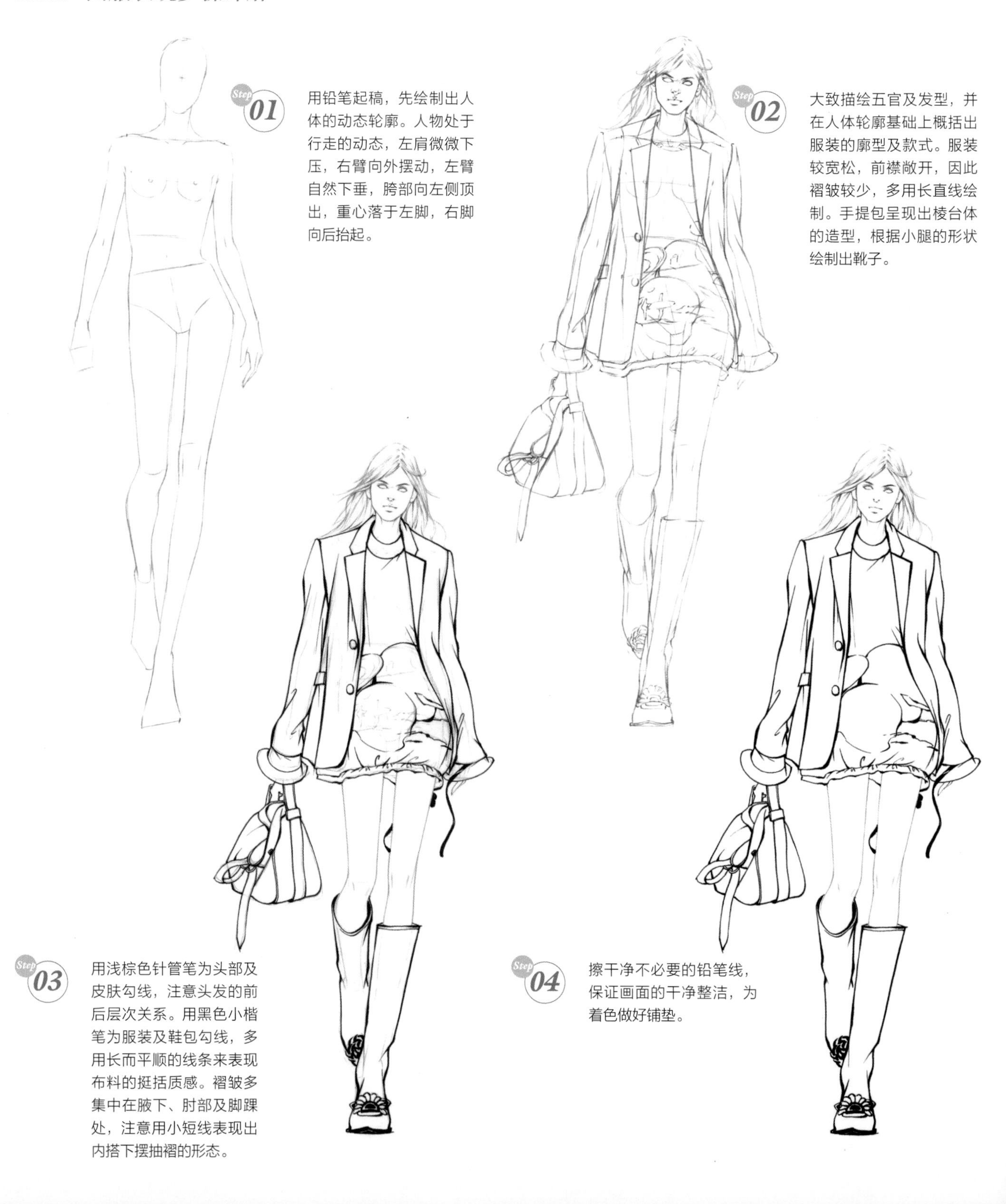

Step 01 用铅笔起稿，先绘制出人体的动态轮廓。人物处于行走的动态，左肩微微下压，右臂向外摆动，左臂自然下垂，胯部向左侧顶出，重心落于左脚，右脚向后抬起。

Step 02 大致描绘五官及发型，并在人体轮廓基础上概括出服装的廓型及款式。服装较宽松，前襟敞开，因此褶皱较少，多用长直线绘制。手提包呈现出棱台体的造型，根据小腿的形状绘制出靴子。

Step 03 用浅棕色针管笔为头部及皮肤勾线，注意头发的前后层次关系。用黑色小楷笔为服装及鞋包勾线，多用长而平顺的线条来表现布料的挺括质感。褶皱多集中在腋下、肘部及脚踝处，注意用小短线表现出内搭下摆抽褶的形态。

Step 04 擦干净不必要的铅笔线，保证画面的干净整洁，为着色做好铺垫。

绘制皮肤、五官和头发。用不同深浅的肤色来塑造五官的立体感，搭配色彩自然的妆容。脖子和腿部也要表现出圆柱体的体积。头发的层次较为琐碎，但可以区分为头顶部分和披散部分，拉开前后层次。

用黄棕色进一步加深头发的暗部，强调头发的前后层次及明暗对比。改变用笔力度，绘制出丝绺分明的发丝，表现出发丝的方向及质感。

绘制长T恤的底色及图案。先用浅灰色铺出底色，再加深褶皱暗部，大面积留白受光面，表现白色的底色。图案的色彩和细节非常丰富，但因为抽褶使服装形成了较为平整的底面，图案的变形较小，只需要注意因为褶皱而产生的轻微起伏即可。

用灰紫色绘制西装的底色，留出肩头、领子翻折处、手臂上部、胯高点等的高光区域。绘制时注意根据褶皱的走向运笔，表现出褶皱的形状。

Step 09

用深一些的紫灰色加深褶皱暗部及转折面，强调西装的明暗关系，再用形状更加明确的笔触强调出褶皱的形态。通过改变用笔力度绘制出深浅变化的笔触，让褶皱和底色能够自然衔接。

Step 10

进一步整理西装的暗部及亮部，强调明暗对比。用浅蓝紫色叠加西服亮部，使色彩过渡更加自然。用高光笔提亮款式边缘和凸起处的亮部，点状的笔触既可表示细小的碎褶，又能起到装饰作用。

Step 11

用与西服同样的颜色和方法绘制长筒靴，抬起的右脚整体处于暗部，可以和前迈的左脚拉开距离。用黄棕色系的颜色绘制手提包。手提包质地较柔软，中间因外力产生凹陷，绘制既要保持几何体造型的转折感，又要表现出材料的柔韧感。

Step 12 调整画面的整体关系，完善细节。最后用橙色添加背景，通过肯定的色块和扫笔产生的飞白形成对比，丰富画面，完成绘制。

3.1.2 西服表现案例赏析

3.2 用马克笔表现连衣裙

在当今的时尚界，女性时尚单品的丰富程度和更迭速度，都远远超过了男性时尚单品。但是从19世纪到20世纪近一百年女装现代化的过程中，却一直是男性时尚引领女性时尚，外套、夹克、衬衣、针织衫、裤子、T恤，都是从男装逐渐演变到女装。可以说，女性专属的服装款式，唯有连衣裙。

历经了漫长且不断代的发展，连衣裙的款式风格极为丰富。本小节案例所表现的连衣裙款式，是将衬衣款式、缠裹结构和荷叶褶边装饰结合在一起，形成既具有现代感，又极具女性妩媚气质的风格。在表现时，笔触轻柔，色彩过渡自然，达到飘逸、柔美的效果。

3.2.1 连衣裙表现步骤详解

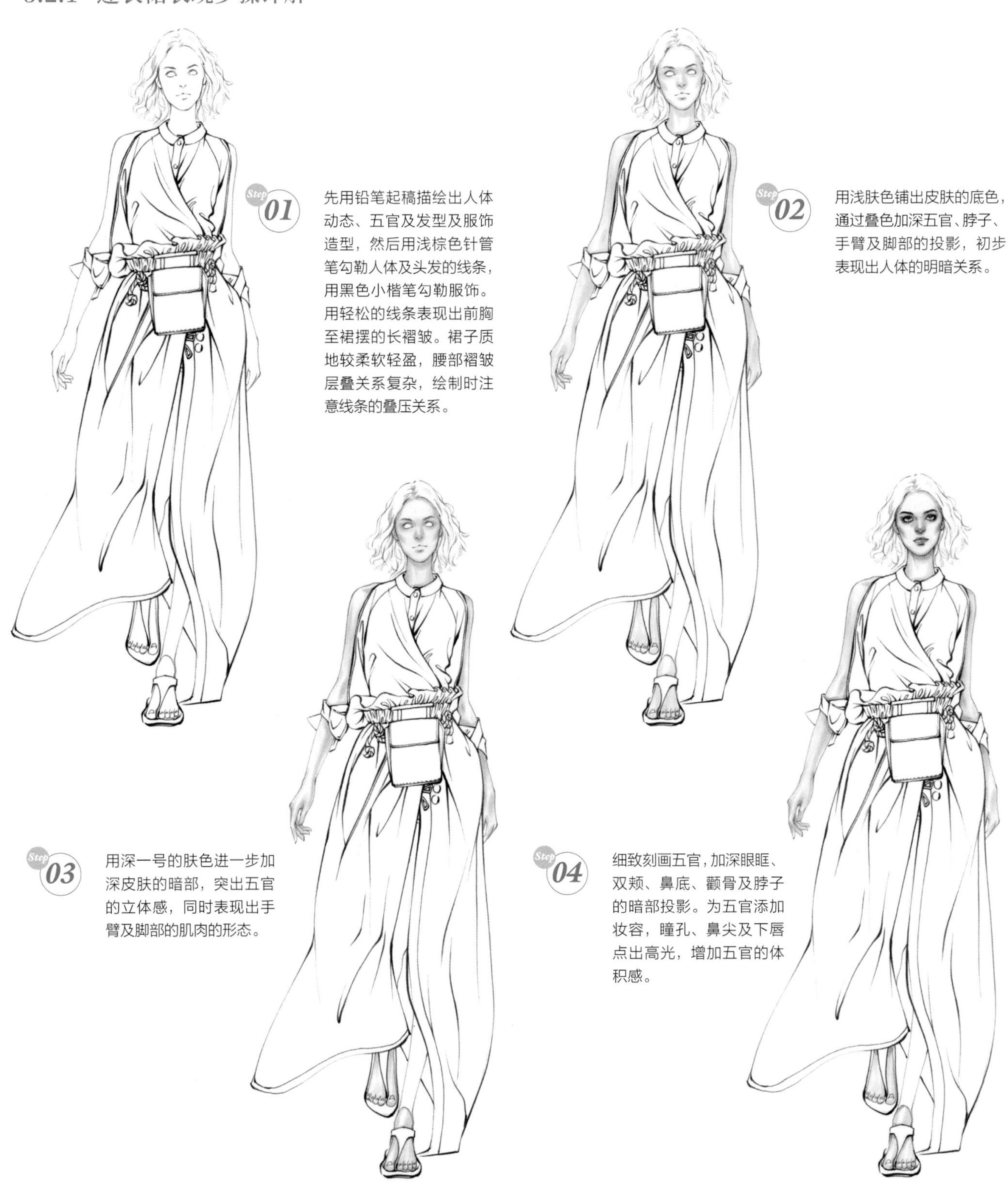

Step 01 先用铅笔起稿描绘出人体动态、五官及发型及服饰造型，然后用浅棕色针管笔勾勒人体及头发的线条，用黑色小楷笔勾勒服饰。用轻松的线条表现出前胸至裙摆的长褶皱。裙子质地较柔软轻盈，腰部褶皱层叠关系复杂，绘制时注意线条的叠压关系。

Step 02 用浅肤色铺出皮肤的底色，通过叠色加深五官、脖子、手臂及脚部的投影，初步表现出人体的明暗关系。

Step 03 用深一号的肤色进一步加深皮肤的暗部，突出五官的立体感，同时表现出手臂及脚部的肌肉的形态。

Step 04 细致刻画五官，加深眼眶、双颊、鼻底、颧骨及脖子的暗部投影。为五官添加妆容，瞳孔、鼻尖及下唇点出高光，增加五官的体积感。

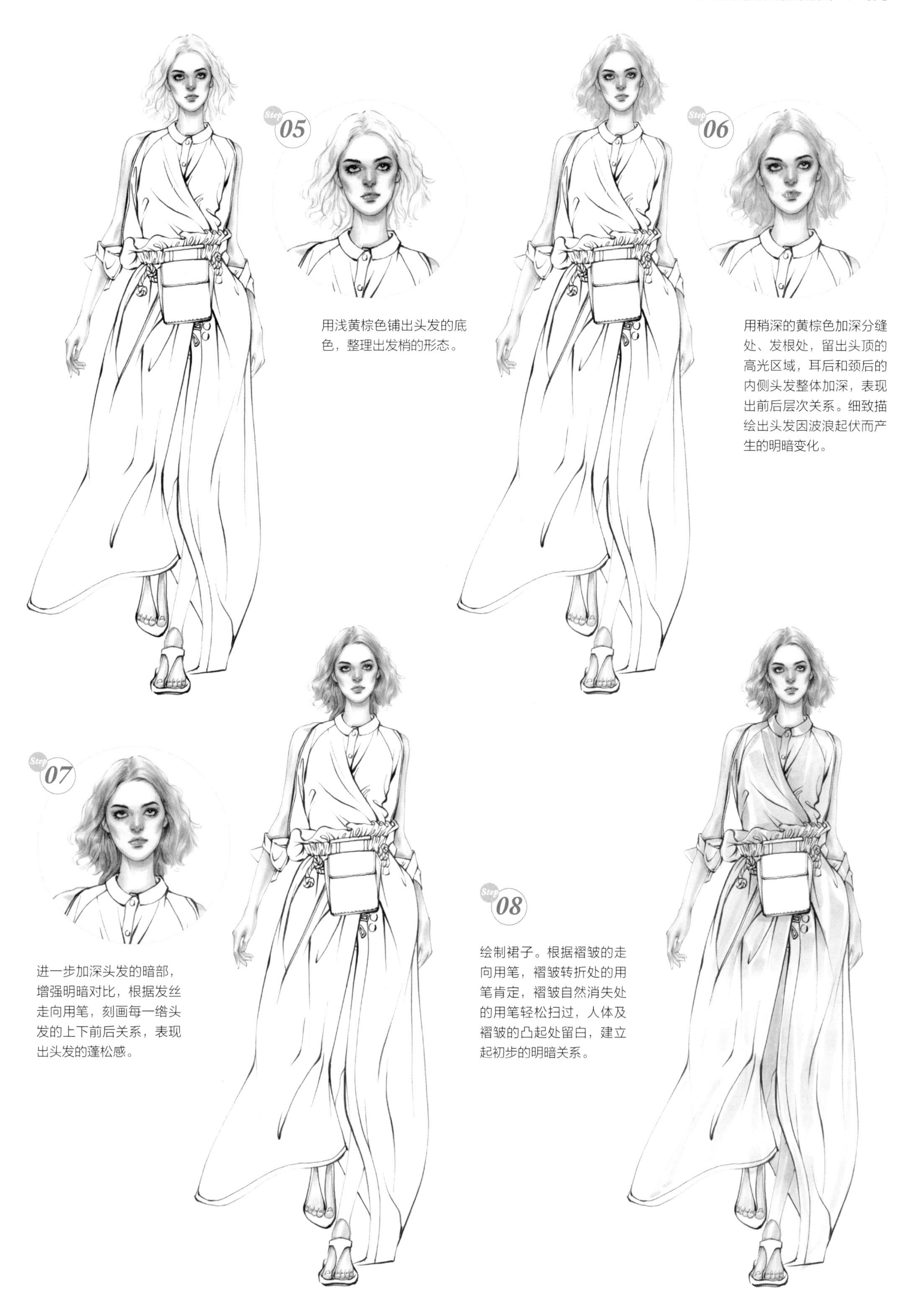

Step 05

用浅黄棕色铺出头发的底色，整理出发梢的形态。

Step 06

用稍深的黄棕色加深分缝处、发根处，留出头顶的高光区域，耳后和颈后的内侧头发整体加深，表现出前后层次关系。细致描绘出头发因波浪起伏而产生的明暗变化。

Step 07

进一步加深头发的暗部，增强明暗对比，根据发丝走向用笔，刻画每一绺头发的上下前后关系，表现出头发的蓬松感。

Step 08

绘制裙子。根据褶皱的走向用笔，褶皱转折处的用笔肯定，褶皱自然消失处的用笔轻松扫过，人体及褶皱的凸起处留白，建立起初步的明暗关系。

Step 09 用较深的桃粉色绘制褶皱的暗部及投影，运笔速度尽量快，收笔时尽量轻柔，表现出轻薄的面料质感。在绘制时调整用笔的力度及笔尖的方向，用不同大小和形状的笔触来概括褶皱的变化。

Step 10 进一步强调褶皱的暗部及投影，突显褶皱的立体感和褶皱上下叠压的层次感。

Step 11 用和裙子同样的颜色绘制腰部的挎包。挎包是质地较硬的漆皮，阴影及高光的形状都较为明确，尤其是包盖的转折处，用明确的笔触进行强调。

Step 12 用高光笔绘制出横向的纹理，表现出面料的纤维质感。纹理的绘制要有虚实关系：亮部仍然留白，笔触集中在明暗过渡的亮灰面，暗部纹理笔触较少，不能因为纹理的添加破坏服装的整体明暗关系。

用高光笔绘制出服装上的线型高光，进一步强调明暗对比。完成鞋子等配饰细节，为皮包添加环境色的反光，丰富画面细节。最后添加黄色笔触作为背景，衬托服装效果，完成绘制。

3.2.2 连衣裙表现案例赏析

3.3 用马克笔表现衬衣

在所有的单品中，衬衣看似不起眼，但在整体的造型搭配中却必不可少：在正式、严谨的商务场合，衬衣是西服套装最符合礼仪规范的内搭，衬衣如果和充满手工感或民族风情的针织开衫搭配，则能展现出一种文雅知性的风格。当然，衬衫也可以单独外穿，下身搭配裤装或半裙。通常情况下，如果裤装或半裙较为贴体、款式简洁，衬衣的造型或装饰就比较复杂，反之，宽松的裤装或较为复杂的半裙，会搭配简洁的衬衣。这样，能形成上紧下松或上松下紧的视觉印象。

本小节案例展示的就是简洁的衬衣和装饰复杂的半裙搭配，彩色布片拼缀而成的半裙十分繁琐，通过层叠的块状笔触表现出来，而宽松的衬衣则寥寥几笔，在视觉上形成"留白"的效果，赋予画面节奏感。

3.3.1 衬衣表现步骤详解

Step 01 用铅笔绘制出模特的动态，模特上半身直立，重心落于左腿，手臂前后摆动的方向与腿部行走的方向相反。在人体基础上概括出服饰造型，衬衣相对宽松，注意身体与服装间要留有足够的空间。裙子较短并且贴身，但由小片布条组成，相对散乱，在绘制时要适当取舍。

Step 02 用浅棕色针管笔为人体及头发勾线，注意表现出头发的层次。用黑色小楷笔为服饰勾线，衬衣较为挺括，褶皱数量少但明显。短裙在勾勒时通过线条的粗细对比表现出布片的上下关系。

Step 03 为皮肤部分上色，先平铺出底色，再加深暗部，表现出立体感。绘制出面部妆容，突出五官。并用不同深浅的黄棕色为头发上色，头顶部分要表现出球体的体积感，披肩的散发要理清前后层次。

Step 04 用轻松活泼的笔触绘制裙摆上的彩色布条，笔触在变化的同时不要太过杂乱，排列需有一定规律，整体呈放射状。绘制时注意笔触与人体轮廓的相互关系。

Step 05 用浅灰色绘制白衬衫，在身体两侧、腋下、领子下方等部分用简练的笔触绘制服装的暗部，再通过笔触的变化概括袖子和腰部的褶皱形态，通过大量的留白来表现白色的固有色。注意头发会在衬衣上留下投影。

Step 06 整体调整画面的明暗对比，并用白色提亮高光。为白色衬衣的暗部添加环境色，进一步强调衣服的体积感。最后添加红色的背景色，完成画面绘制。

3.3.2 衬衣表现案例赏析

3.4 用马克笔表现外套

在造型搭配中，外套绝对算得上“重量级”单品。首先外套穿着于所有单品的最外层，会对其他单品产生遮挡；其次，外套的长度通常超过臀围线，在视觉比例上占据较大的份额；最后外套主要的功能是保暖防风，尤其是秋冬季外套往往采用较为厚重的面料，也使得外套呈现出较大的“分量感”。

但是近年来，随着材料技术的发展、出行工具与室温调节工具的便利性等，人们对外套传统保暖功能的需求不断下降，加之审美的水平升级和设计理念的变化，越来越多轻薄的装饰性外套成为时尚新宠。本小节案例展示的就是一款解构式风衣外套，设计在经典款风衣的基础上进行结构重组和材质拼接，使服装呈现出焕然一新的视觉效果。

3.4.1 外套表现步骤详解

Step 01

用铅笔起稿，人物左肩轻微下压，胯部向左抬起，身体重心落于左脚。左手插兜，右手拎包，右手臂向外摆动。外套和裤子都有较大松量，不仅体现在横宽上，长度也有较大放量，在绘制时尤其要注意袖长、裤长等部位和人体的关系。外套为左右不对称款式，要理清外套结构，下摆因腿部动态而产生的翻折也要表现清楚。

Step 02

用浅棕色针管笔勾勒五官和发型，披散的发丝笔触轻盈，表现发丝蓬松的质感。用褐色小楷笔勾勒服饰，根据材质的不同采用不同的线条：衣身和裤子的线条用笔肯定干脆，袖子上拼接的绒毛用细碎的短线表现，围巾的流苏线条卷曲流畅。

Step 03

将不需要的铅笔草稿擦除干净，留下清晰、干净的线稿，便于着色。

Step 04

用浅肤色铺出皮肤底色，再层叠加深眼眶、鼻子、颧骨、脖颈的暗部，初步表现出面部五官的明暗体积。用浅红色晕染外眼角，添加眼影的颜色；用同样的颜色绘制嘴唇，下唇适当留出高光。

Step 05

用浅蓝色绘制眼珠，用黑色点出瞳孔，瞳孔留出高光。用浅黄色绘制头发的底色，头顶凸起处留出高光。然后用稍深一些的黄色绘制出发丝走向并强调头发的层次感。

Step 06

用浅棕色针管笔勾勒五官和发型，披散的发丝笔触轻盈，表现发丝蓬松的质感。用褐色小楷笔勾勒服饰，根据材质的不同采用不同的线条：衣身和裤子的线条用笔肯定干脆，袖子上拼接的绒毛用细碎的短线表现，围巾的流苏线条卷曲流畅。

Step 07

用浅黄褐色加重外套阴影并整理褶皱关系。围巾和腰带都会在外套上形成投影，掀起的下摆也会在右腿上形成投影。腰部系带处和大腿根处的褶皱较多，通过笔触的变化来表现褶皱的形状。

Step 08

用浅珊瑚红绘制拼接的袖子，袖子有绗缝肌理，会形成一块块的凸起，需要预留出高光。腋下和手臂下方通过叠色加重，表现出袖子整体的圆柱体的体积。用同样的颜色绘制围巾，再用浅红色在外套的暗部叠加环境色，丰富色彩层次。

Step 09

用稍微深一些的珊瑚红，绘制袖子的褶皱。绗缝工艺会产生大量的细碎褶皱，褶皱从绗缝线处向外发散，有比较明确的方向性。用三角形的点状笔触来表现碎褶，绘制时要注意取舍，不能杂乱。用水红色绘制围巾的图案，并用圆点状笔触绘制围巾编织部分及流苏的暗部。拼接皮草的暗部用浅紫灰色来绘制。

Step 10

用和袖子同样的颜色绘制衬裙。裤子受到环境色影响，变化较为复杂，可以先用很浅的黄灰色打底，再用浅紫灰色叠加暗部，最后用浅蓝灰色整理褶皱并勾勒纵向的纹理。鞋子的颜色比袖子和衬裙偏暗一些，鞋头要留出高光。腰带、纽扣和包链都是金属材质，通过强烈的明暗对比来表现质感。

Step 11

整理画面、提亮高光。用线性的笔触强调服装的边缘轮廓，外套上点状的高光笔触起到了装饰作用。提亮高光，可以进一步明确绗缝面料上碎褶的形态，裤子的条纹图案也更加立体，金属材质的光泽感也更强。

3.4.2 外套表现案例赏析

3.5 用马克笔表现夹克

一提到夹克，很多人往往难以给出较为明确的定义，除了常见的皮夹克、牛仔夹克等，一些西服、运动衫、棉服都可以被称为夹克。其实，夹克这类单品具有两大特征，一是长度在臀围线以上的外穿服装，二是用于非正式场合，满足这两大特征的单品都可以称为“夹克”。

长度的限制使夹克在视觉比例上的占比份额小于外套和连衣裙，决定了其在设计构成上需要采用“上下搭配”的二部式结构，且这种上下搭配的视觉印象比夹克外穿形成的“内外搭配”更为重要。夹克多用于非正式场合，没有特定的款式造型和搭配礼仪，变化灵活，这一特点使夹克在20世纪60、70年代，成为打破规则的象征，成为自由和叛逆的符号。

本小节案例中表现的是较为典型的箱型皮夹克，男性的肩宽使质地厚实的宽松夹克呈现出更加鲜明的体积感，与较为合体的长裤搭配，更能体现出男性健壮、强有力的审美印象。案例中的细节也非常多，夹克的流苏、卫衣的兜帽造型、裤子的印花等，在视觉上起到了平衡画面的作用，使箱型夹克不会显得过于沉重。

3.5.1 夹克表现步骤详解

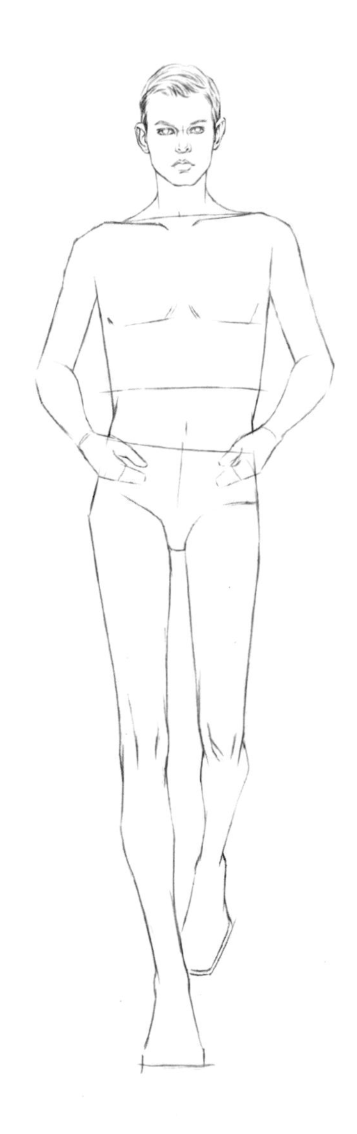

Step 01 用铅笔起稿，绘制模特动态。男性的肩部较宽，臀部较窄，在行走时臀部的摆动幅度较小。案例中模特上身基本直立，双手插兜，肘关节向外，右腿直立，重心落于右脚，左小腿向后抬起。因为穿着平跟鞋，着地的右脚透视较大。

在人体结构基础上，绘制出五官及发型，并细化出服饰的细节。上半身的皮夹克呈箱型廓型，要与人体间留有足够的松量。皮革质地厚实柔韧，会在肘部形成较多褶皱。裤脚处的堆积褶也会形成大量环形褶。袖子上的流苏在绘制时要理清前后层次，表现出飘逸感。

Step 03 用棕色针管笔勾勒人体及裤子图案，注意头发体积感的表现以及图案透视与人体透视的关系。用黑色小楷笔为服饰部分勾线，皮革夹克的线条粗细变化明显，表现出褶皱较为明显的起伏。裤子多用长直线来勾画，形成硬朗的造型。

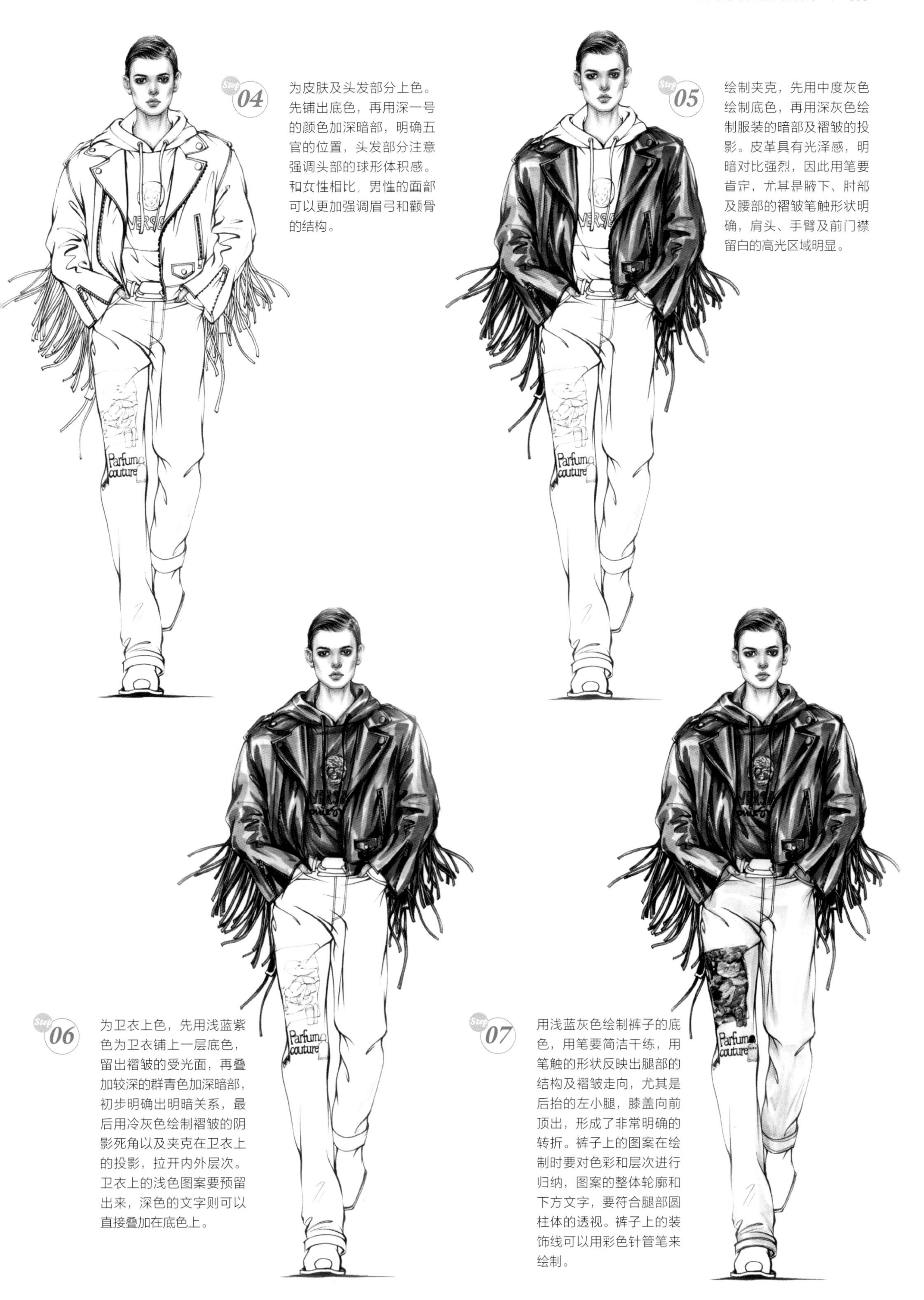

Step 04

为皮肤及头发部分上色。先铺出底色，再用深一号的颜色加深暗部，明确五官的位置，头发部分注意强调头部的球形体积感。和女性相比，男性的面部可以更加强调眉弓和颧骨的结构。

Step 05

绘制夹克，先用中度灰色绘制底色，再用深灰色绘制服装的暗部及褶皱的投影。皮革具有光泽感，明暗对比强烈，因此用笔要肯定，尤其是腋下、肘部及腰部的褶皱笔触形状明确，肩头、手臂及前门襟留白的高光区域明显。

Step 06

为卫衣上色，先用浅蓝紫色为卫衣铺上一层底色，留出褶皱的受光面，再叠加较深的群青色加深暗部，初步明确出明暗关系，最后用冷灰色绘制褶皱的阴影死角以及夹克在卫衣上的投影，拉开内外层次。卫衣上的浅色图案要预留出来，深色的文字则可以直接叠加在底色上。

Step 07

用浅蓝灰色绘制裤子的底色，用笔要简洁干练，用笔触的形状反映出腿部的结构及褶皱走向，尤其是后抬的左小腿，膝盖向前顶出，形成了非常明确的转折。裤子上的图案在绘制时要对色彩和层次进行归纳，图案的整体轮廓和下方文字，要符合腿部圆柱体的透视。裤子上的装饰线可以用彩色针管笔来绘制。

Step 08

绘制鞋子和腰带等配饰。鞋子为皮革材质，同样通过肯定的笔触和较强的明暗对比来表现其光泽感。腰带扣先用黄棕色绘制底色，再用彩色针管笔勾勒整理其复杂的装饰结构。

Step 09

用高光笔提亮所有夹克、卫衣、鞋子和腰带的高光以及皮革夹克的反光，进一步增添光泽感。绘制背景，笔触率性潇洒，为画面增加动感。

3.5.2 夹克表现案例赏析

3.6 用马克笔表现裤装

尽管现在裤装的款式极为丰富，但裤装给人的第一印象仍然是干练、利落，这或许是因为人们最先穿着裤子是因为骑马狩猎和劳动的需要，时至今日在工作或运动中，裤装也给人们带来了极大的便利。因此，不管流行和审美如何变化发展，裤装的设计仍然是功能性大于装饰性。

在时装画中，为了展示理想化的身材会拉长腿部比例，因此在绘制裤装时，往往会通过一气呵成的长线条或利落的长笔触形成纵向的视觉印象，一些琐碎的褶皱（尤其是大腿上的褶皱）需要取舍或省略，使腿部呈现出挺拔修长的视觉效果。本小节案例中虽然表现的是宽松款的长裤，但是造型简洁干练，用笔肯定流畅，再与配饰繁复细小的装饰形成疏密对比，恰当地展现出裤装的魅力。

3.6.1 裤装表现步骤详解

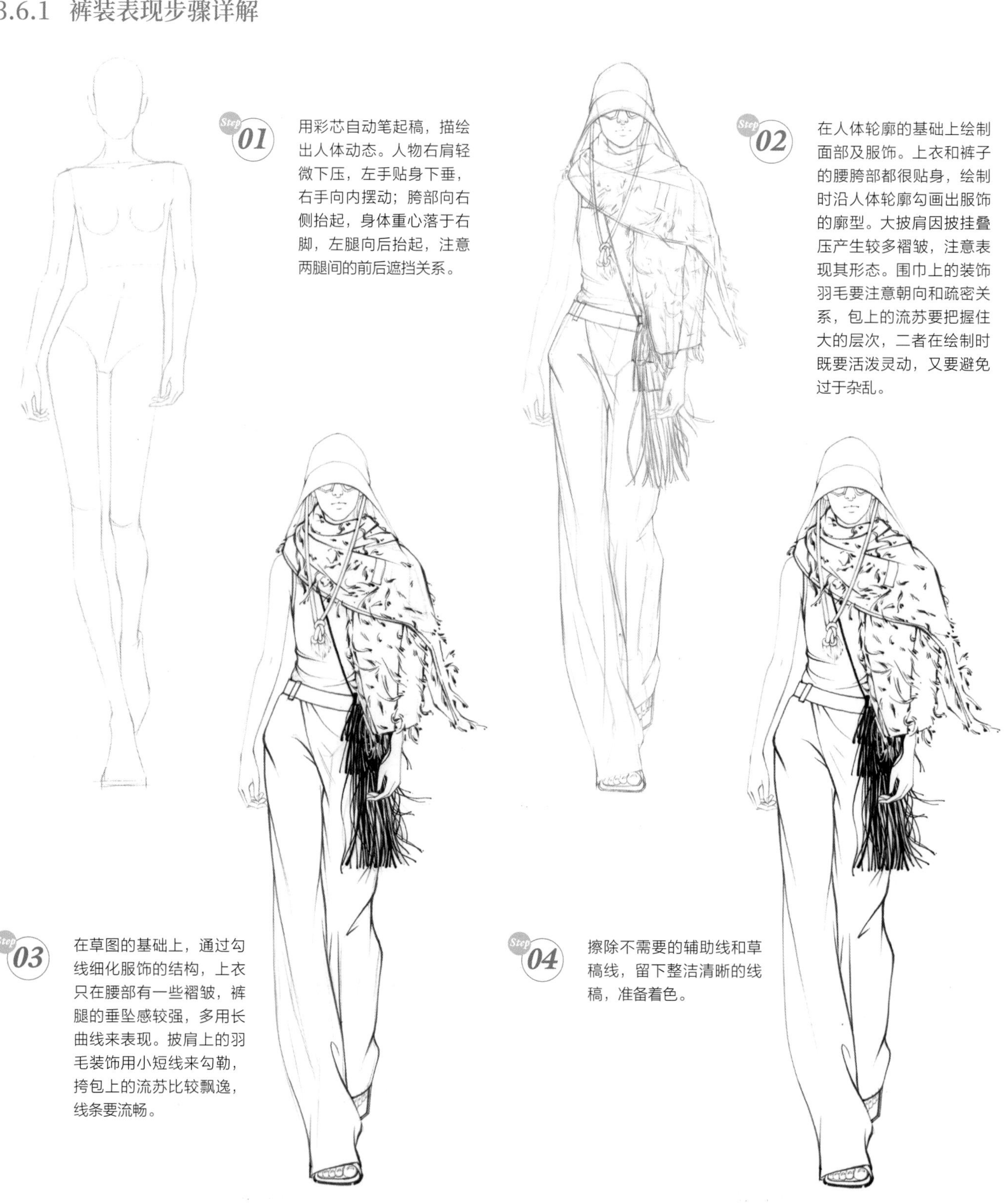

Step 01 用彩芯自动笔起稿，描绘出人体动态。人物右肩轻微下压，左手贴身下垂，右手向内摆动；胯部向右侧抬起，身体重心落于右脚，左腿向后抬起，注意两腿间的前后遮挡关系。

Step 02 在人体轮廓的基础上绘制面部及服饰。上衣和裤子的腰胯部都很贴身，绘制时沿人体轮廓勾画出服饰的廓型。大披肩因披挂叠压产生较多褶皱，注意表现其形态。围巾上的装饰羽毛要注意朝向和疏密关系，包上的流苏要把握住大的层次，二者在绘制时既要活泼灵动，又要避免过于杂乱。

Step 03 在草图的基础上，通过勾线细化服饰的结构，上衣只在腰部有一些褶皱，裤腿的垂坠感较强，多用长曲线来表现。披肩上的羽毛装饰用小短线来勾勒，挎包上的流苏比较飘逸，线条要流畅。

Step 04 擦除不需要的辅助线和草稿线，留下整洁清晰的线稿，准备着色。

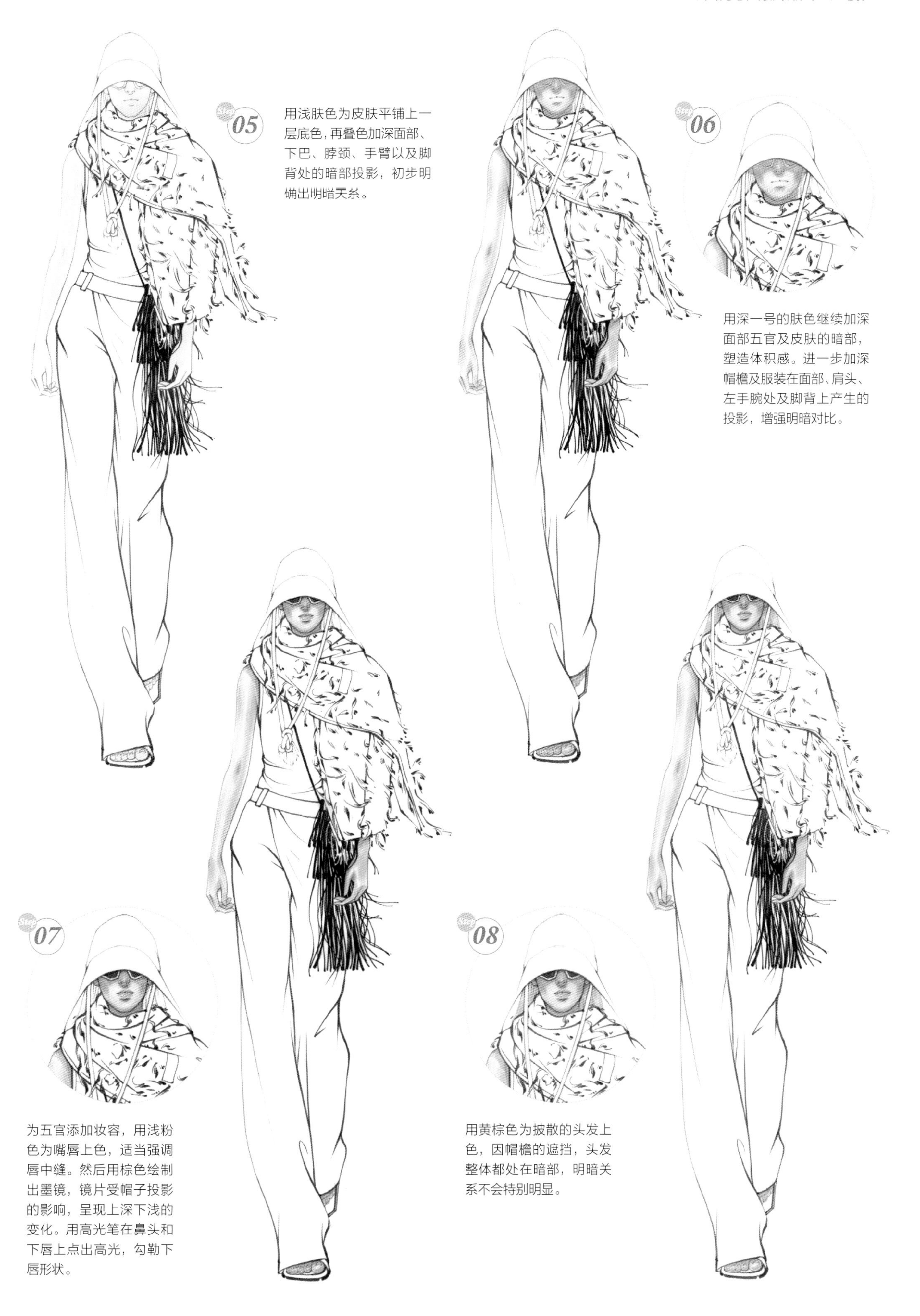

Step 05

用浅肤色为皮肤平铺上一层底色，再叠色加深面部、下巴、脖颈、手臂以及脚背处的暗部投影，初步明确出明暗关系。

Step 06

用深一号的肤色继续加深面部五官及皮肤的暗部，塑造体积感。进一步加深帽檐及服装在面部、肩头、左手腕处及脚背上产生的投影，增强明暗对比。

Step 07

为五官添加妆容，用浅粉色为嘴唇上色，适当强调唇中缝。然后用棕色绘制出墨镜，镜片受帽子投影的影响，呈现上深下浅的变化。用高光笔在鼻头和下唇上点出高光，勾勒下唇形状。

Step 08

用黄棕色为披散的头发上色，因帽檐的遮挡，头发整体都处在暗部，明暗关系不会特别明显。

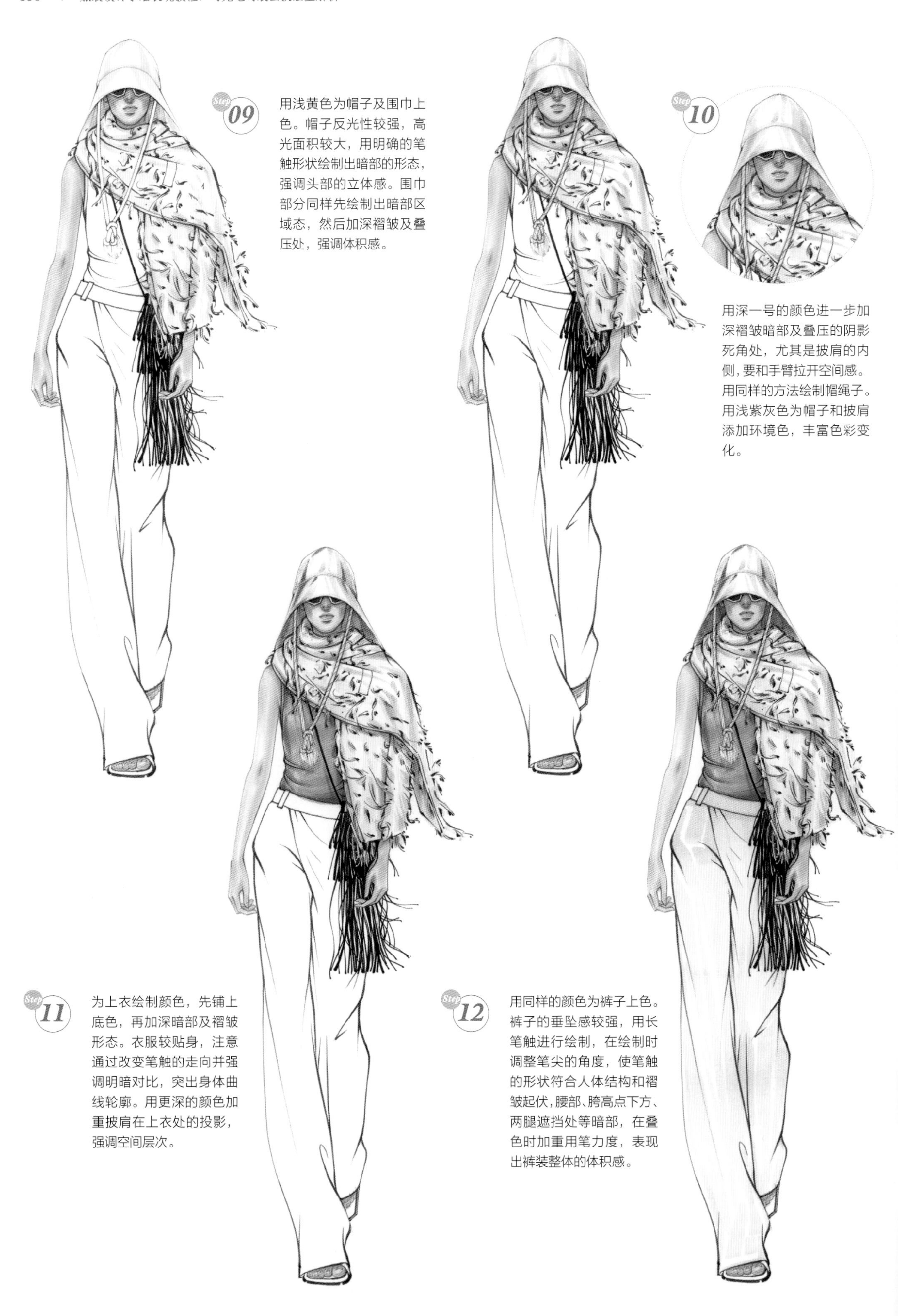

Step 09

用浅黄色为帽子及围巾上色。帽子反光性较强，高光面积较大，用明确的笔触形状绘制出暗部的形态，强调头部的立体感。围巾部分同样先绘制出暗部区域态，然后加深褶皱及叠压处，强调体积感。

Step 10

用深一号的颜色进一步加深褶皱暗部及叠压的阴影死角处，尤其是披肩的内侧，要和手臂拉开空间感。用同样的方法绘制帽绳子。用浅紫灰色为帽子和披肩添加环境色，丰富色彩变化。

Step 11

为上衣绘制颜色，先铺上底色，再加深暗部及褶皱形态。衣服较贴身，注意通过改变笔触的走向并强调明暗对比，突出身体曲线轮廓。用更深的颜色加重披肩在上衣处的投影，强调空间层次。

Step 12

用同样的颜色为裤子上色。裤子的垂坠感较强，用长笔触进行绘制，在绘制时调整笔尖的角度，使笔触的形状符合人体结构和褶皱起伏，腰部、胯高点下方、两腿遮挡处等暗部，在叠色时加重用笔力度，表现出裤装整体的体积感。

Step 13

用深一号的颜色继续加深暗部投影，用不同的笔触明确表现褶皱形状的不同，通过控制笔的力度，使笔触呈现出一端“实”一端“虚”的变化，表现出褶皱从凸起到自然消失的状态。裆部及左腿膝弯处因动态会产生较多褶皱，用小一些色块表现细碎的褶皱并强调出膝盖头的形状。

Step 14

用更深一些的橙棕颜色加深裤子褶皱的投影细节，裤子整体颜色较浅，最后加深的阴影面积一定要小。用白色强调高光的形态，增加光泽感。最后略微添加几笔背景，衬托服装效果，完成画面绘制。

3.6.2 裤装表现案例赏析

3.7 用马克笔表现半裙

将连衣裙从腰线位置破开，划分为上下两个部分，位于腰线以下部位的就是半裙，可以说半裙是连衣裙在演化过程中产生的新样式。与裤装同作为重要的下装单品，半裙也讲究与上装间的搭配。由于半裙的款式设计不受裆部与腿部结构的影响，变化可以更加自由灵活，既可以与上装保持统一的视觉印象，也可以积极营造反差感。需要注意的是，半裙在穿着时没有肩部、裆部和腿部的支撑，那就必须在腰部或髋部提供足够的支撑力，否则会出现“挂不住”的现象。

本案例表现的是复古式高腰封半裙，通过横向结构线将裙子划分为腰、胯、裙摆三部分，腰、胯处紧贴身体，下摆散开，突显了女性腰身处的曲线。在绘制时，可以“有紧有松”：结构造型绘制得清晰肯定，图案绘制得轻松随意，使画面充满趣味性。

3.7.1 半裙表现步骤详解

Step 01

先用铅笔描绘出人体动态，人物左肩下压，上身向左微倾；双手插兜，因身体的侧转会产生一定角度的透视；胯部向左侧抬起，身体重心落于左脚，右腿向后抬起。概括出面部五官及发型，并添加墨镜。

在人体基础上绘制出服饰的款式结构，可以从较为合体的束腰和内搭画起，宽松的衬衣敞开，一侧下搭，形成不对称的形态，要找准服装和人体间的关系。裙摆较宽松，受动态影响摆动方向明显，褶皱具有明显的指向性。

为人体及墨镜上色。用暖棕色铺出皮肤的底色，再用深棕色加深暗部及服装在人体上的投影，表现出体积感。用暖灰色绘制头发，再用小楷笔勾勒出发辫的形状。用墨镜则通过强烈的明暗对比和明确的高光形状来表现光泽感。

Step 04

整套服装底色基本为白色，但不同部分有不同的色彩倾向，在绘制时可以选择不同的浅色，但都要大量留白亮部，较深的暗部和阴影面积不能太大，来保证整体的固有色。同时，白色容易受周围环境的影响，可以在反光部分添加环境色来丰富层次。

Step 05

用蓝色、绿色、红色以灵活的笔触点出腰封和裙子上的碎花图案，注意图案的疏密分布。图案会根据褶皱的起伏及身体的透视而产生一定的错位，通过改变笔触的形状来表现图案贴合布料的状态。

Step 06

用黑色点缀碎花，笔触更加细碎，笔触在褶皱的暗部及阴影处相对集中一些，强调褶皱的起伏，增加服装整体的体积感。用同样的颜色绘制腰部的系带，注意区分出叠压关系。

Step 07

用白色整理一下碎花图案的整体分布和边缘形状，并提亮高光，在丰富图案细节的同时，进一步增强褶皱的立体感。

Step 08 用墨绿色系绘制靴子，用白色点出花纹。前迈的右脚可以细致刻画，后抬的左脚可以省略表现，突出前后的空间感。整体添加高光，绘制出项链等细节，最后添加背景色来烘托画面，提升整体的画面氛围。

3.7.2 半裙表现案例赏析

3.8 用马克笔表现礼服

礼服的范围涵盖很广，从出席正式午餐、下午茶会的白日礼服，到红毯上的晚礼服，再到婚宴上的婚礼服，无一不令人心动。与其他类别的服装相比，礼服显得更为华丽隆重，不仅结构复杂，而且工艺繁复。礼服上常见的蕾丝、刺绣、钉珠、亮片、羽毛等，在使用马克笔表现时，可以通过笔触的变化来表现这些细节。

本小节案例表现的是蝉翼纱钉珠礼服，轻扫的长笔触绘制轻薄的纱料、错落有致的尖形笔触描绘优雅精致的植物图案，灵活的点状笔触强调闪亮的水钻珠片，使得画面极具层次感。

3.8.1 礼服表现步骤详解

Step 01 用铅笔起稿绘制出人体动态结构，并细化出五官和发型。模特向右略微压肩，胯部向右上方顶出，动态舒展。

Step 02 根据人体动态绘制出服装的造型。袖子肩头及上臂部分膨起，裙摆宽松，腰部收紧，是非常古典的造型。羊腿袖要和肩部留有足够的空间感，散开的裙摆要根据右腿前迈的动态来整理褶皱的走向，理清褶皱的前后层次。起稿完成后，用彩色针管笔勾线。

Step 03 擦除辅助线，为皮肤上色，表现出肢体圆柱体和圆台体的体积感。皮肤在纱质面料的遮挡下若隐若现，在绘制时要注意虚实关系，被遮挡得多的部分可以适当省略，外露的部分可适当强调。绘制五官、妆容及发型，头发要通过分组表现出层次感。

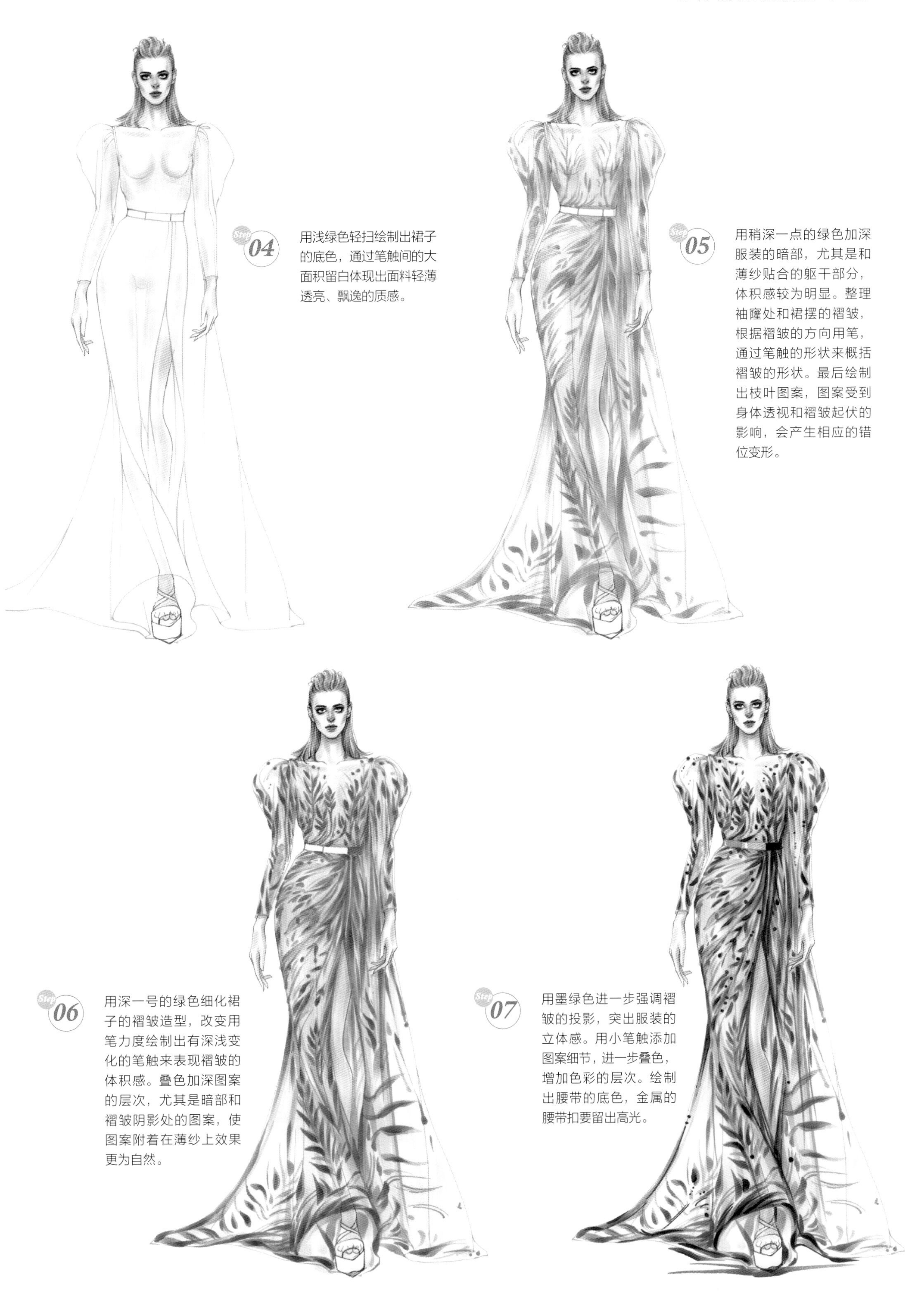
Step 04
用浅绿色轻扫绘制出裙子的底色，通过笔触间的大面积留白体现出面料轻薄透亮、飘逸的质感。
Step 05
用稍深一点的绿色加深服装的暗部，尤其是和薄纱贴合的躯干部分，体积感较为明显。整理袖窿处和裙摆的褶皱，根据褶皱的方向用笔，通过笔触的形状来概括褶皱的形状。最后绘制出枝叶图案，图案受到身体透视和褶皱起伏的影响，会产生相应的错位变形。
Step 06
用深一号的绿色细化裙子的褶皱造型，改变用笔力度绘制出有深浅变化的笔触来表现褶皱的体积感。叠色加深图案的层次，尤其是暗部和褶皱阴影处的图案，使图案附着在薄纱上效果更为自然。
Step 07
用墨绿色进一步强调褶皱的投影，突出服装的立体感。用小笔触添加图案细节，进一步叠色，增加色彩的层次。绘制出腰带的底色，金属的腰带扣要留出高光。

Step 08

用白色提亮，精细勾画图案细节，点出密集的高光，和很深的底色形成强烈的明暗对比，表现出亮片水钻的闪耀效果。完成鞋子等配饰，最后绘制背景，潇洒流畅的笔触能将裙摆烘托得更为轻盈飘逸。

3.8.2 礼服表现案例赏析

扫描二维码，
查看教学视频

04 用马克笔表现面料材质

4.1 薄纱的表现

轻盈飘逸的薄纱能烘托出女性柔美的气质，但在表现时却给设计师增加了不少难题。想要表现出纱质面料轻薄透明的特点，需要注意三个要点：一，掌握好人体和服装间的关系，人体贴合服装的部分会透出皮肤的颜色；二，薄纱通常会产生形状清晰的尖细褶皱，在绘制时要将表现褶皱的笔触收尖；三，薄纱的透明性会在层叠时使褶皱呈现出极为复杂的交错状态，在绘制时要注意前后关系，适当取舍。

不同的薄纱质感也有所不同，蝉翼纱挺括，网眼纱纹理清晰，乔其纱柔软垂坠感强。本小节案例表现的是轻薄飘逸的雪纺纱，在模特走动时，薄纱随之摆动，皮肤和底层服装隐约透露出来，充满浪漫气息。

4.1.1 薄纱表现步骤详解

Step 01 先绘制人体动态轮廓，并绘制出五官及发型，注意发丝的层次及立体感。然后在人体的基础上勾画出服饰造型，袖子及裙摆质地轻盈，注意其与人体的空间关系。

Step 02 在铅笔草图基础上，用浅棕色针管笔对人体部分勾线，用棕色小楷笔对服饰进行勾线，注意褶皱的前后关系和细节的形态变化。用黑色绘制珠宝饰品，最后擦除铅笔草图，保留勾线线稿。

Step 03 为皮肤上色。先用浅肤色平涂出皮肤底色，再用深一号的肤色绘制皮肤暗部及阴影，表现出肌肉起伏的立体感。被薄纱遮挡的部分皮肤，颜色整体可以浅一些，表现出若隐若现的效果。

Step 04 精细刻画五官及妆容，使人物的五官更立体。用深褐色绘制眉毛及睫毛上下眼睑，并绘制出瞳孔。用紫红色晕染出眼影，用红色为嘴唇上色，注意立体感的塑造。用白色点出瞳孔、鼻头及下嘴唇上的高光。

Step 05

用不同深浅的棕色绘制头发的颜色，注意根据波浪形的发丝方向运笔，在把握住整体体积感的同时绘制出头发的层次。

Step 06

用浅黄色绘制裙子的底色，根据褶皱的形状及走向用笔，通过笔触间的留白体现出面料轻微的褶皱起伏。加重袖口和下摆边缘及每层荷叶边的阴影，区分出大的层叠关系。

Step 07

用土黄色加重裙子的暗面及褶皱的阴影，进一步强调服装的整体体积及褶皱的形状。薄纱容易形成细长的褶皱，半透明的质感使褶皱呈现出相互叠压的状态，在绘制时要主动进行归纳取舍，梳理清楚褶皱的层次关系。通过用笔的轻重变化表现出纱料轻薄透气的质感。

Step 08

用更深的颜色叠加胸部的暗面，塑造胸部的立体感。用同样的颜色加重褶皱阴影死角的部分，进一步区分主要褶皱和小碎褶的层次感。纱料轻薄透明，阴影死角的面积很小，集中在抽褶线和身体结构的转折处，绘制时要控制好笔触的大小。用小笔触轻扫出底层服装的褶皱，用笔要非常轻，不要破坏已经塑造好的层次关系。

Step 09

用灰褐色绘制饰品的底色，用较深的暖灰色加深转折面及暗部，白色提亮高光区域，用强烈的明暗对比表现出金属的光泽感。为长筒靴上色，先用暖棕色纵向用笔，塑造出靴筒圆柱体的体积感，预留出高光区域。用深一些的棕褐色叠加明暗交界线，再横向用笔强调膝盖的结构，添加褶皱。

Step 10

刻画靴子的结构线，然后用高光笔强调轮廓，提亮高光，表现出皮革的质感。最后添加深蓝色的背景色，和服装的颜色形成互补，完成画面绘制。

4.1.2 薄纱表现案例赏析

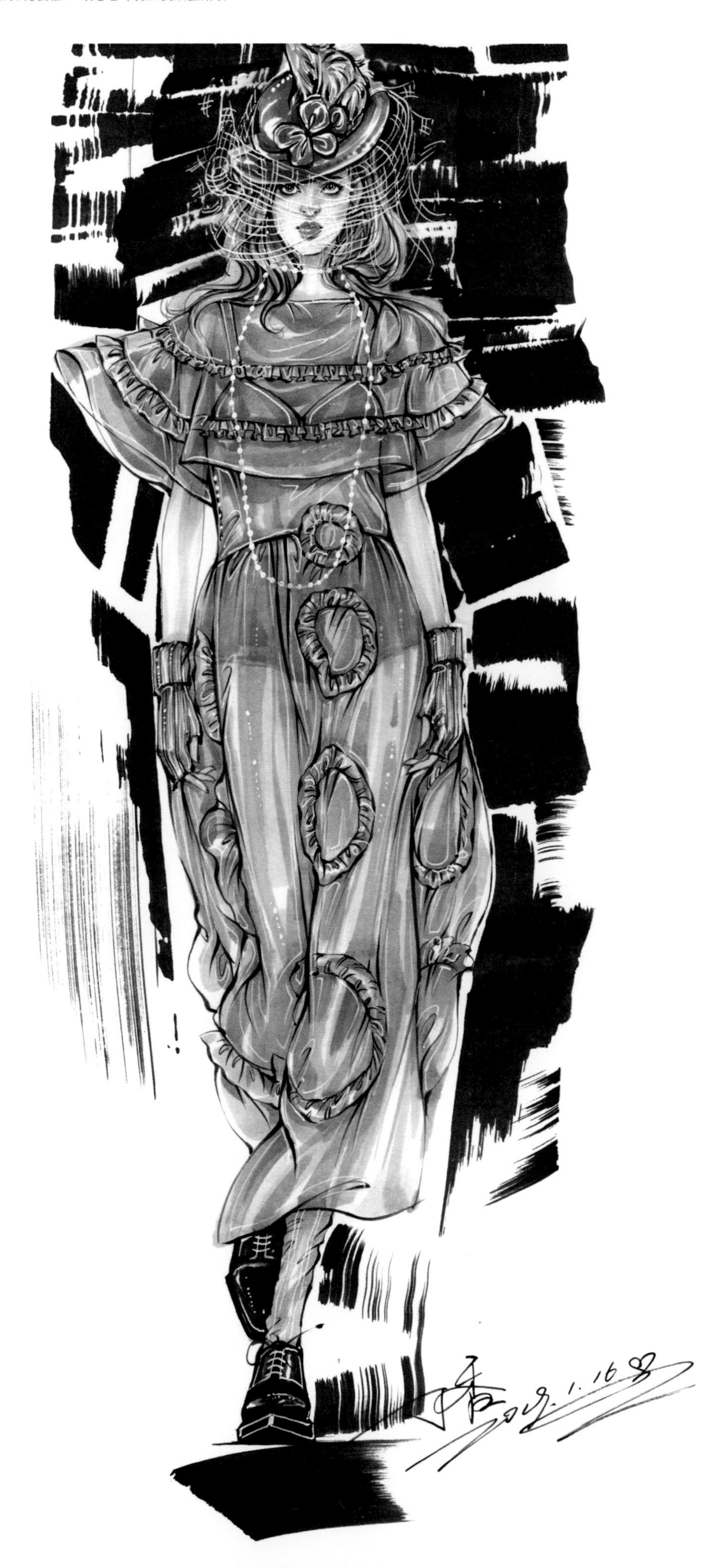

4.2 绸缎的表现

绸与缎因为纺织工艺的不同，虽然在质地上有一定差异，但也具有相当多的共性，例如光亮细腻，有一定的垂坠感。与纱质面料相比，绸缎面料的褶皱凹凸更深，起伏更明显；与皮革面料相比，绸缎面料的光泽更柔和，褶皱形态更流畅。此外，也有一些致密挺括的绸缎品种，如塔夫绸，质地轻薄而平挺，适合礼服造型。

本小节案例表现的是一套层叠荷叶边的小礼服，上半身借助抽褶工艺形成繁复的荷叶边，层叠交错，华丽而浪漫；下身的裙摆受到腿部动态影响，形成优雅而含蓄的褶皱线条。正是因为绸缎的平滑柔软，女性的温柔气质被充分衬托出来。

4.2.1 绸缎表现步骤详解

Step 01 用铅笔起稿，绘制出人体结构及行走的动态。人物上半身基本直立，双手自然摆动；胯部向右抬起，身体重心落于右脚，左小腿因向后抬起产生一定透视。

Step 02 绘制出人物的五官及发型，并在人体的基础上，绘制服饰的大致廓型。

Step 03 在草图基础上，细化服装的款式。上衣的造型较复杂，褶皱较多，注意表现出繁复的叠压层次。裙子造型膨起，要把握好松量和褶皱间的关系。

Step 04 用浅棕色针管笔为人体勾线，注意描绘出头发的层次。用深棕色小楷笔为裙子勾线，注意区分细碎的荷叶边与裙摆较为整体的褶皱形态。荷叶边的褶皱虽然细碎但有较强的规律性，可以从固定线向外放射状用笔，表现出褶皱的走向。用黑色小楷笔勾勒袖子、鞋子及饰品。用浅肤色平铺皮肤底色。

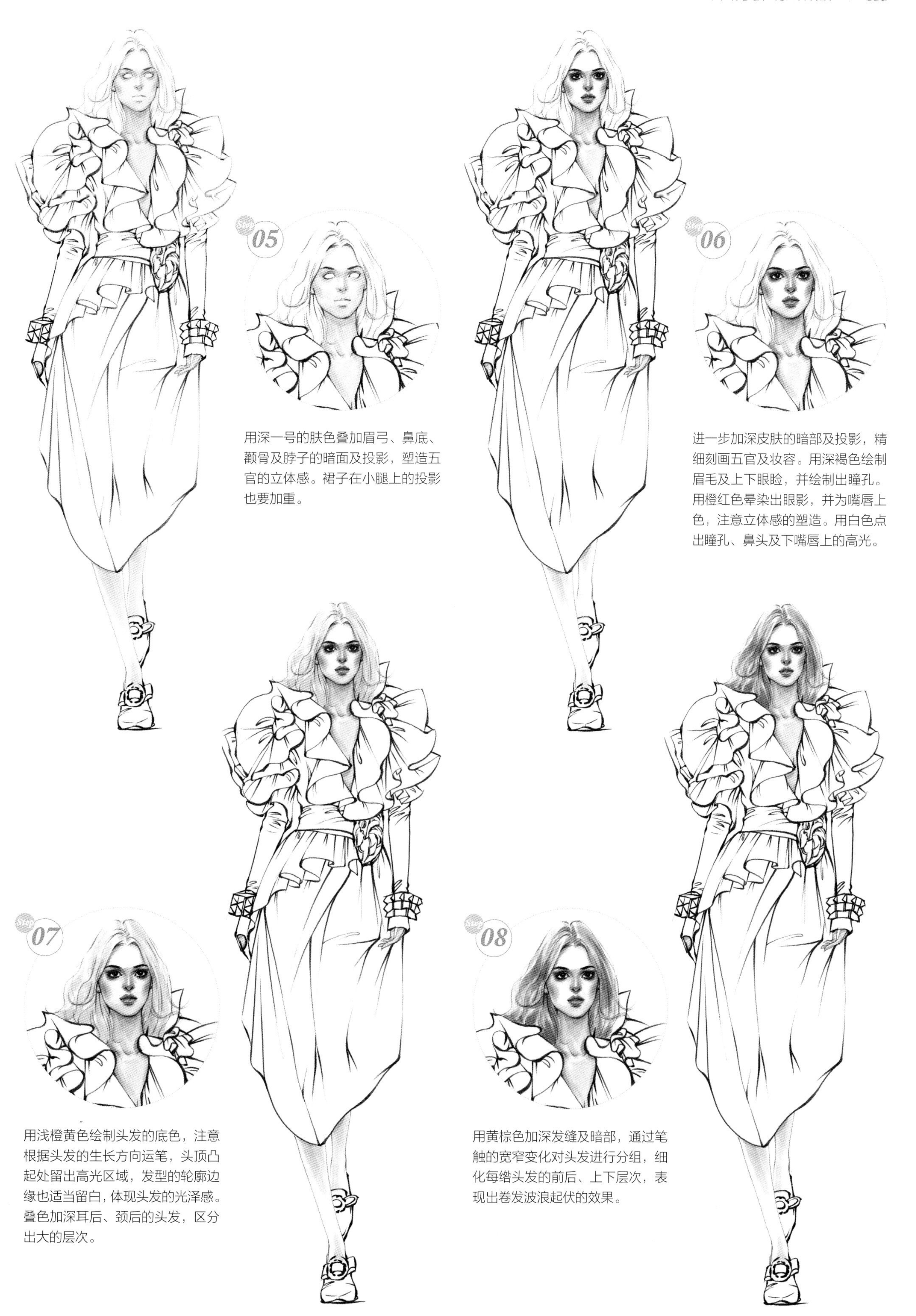

用深一号的肤色叠加眉弓、鼻底、颧骨及脖子的暗面及投影，塑造五官的立体感。裙子在小腿上的投影也要加重。

进一步加深皮肤的暗部及投影，精细刻画五官及妆容。用深褐色绘制眉毛及上下眼睑，并绘制出瞳孔。用橙红色晕染出眼影，并为嘴唇上色，注意立体感的塑造。用白色点出瞳孔、鼻头及下嘴唇上的高光。

用浅橙黄色绘制头发的底色，注意根据头发的生长方向运笔，头顶凸起处留出高光区域，发型的轮廓边缘也适当留白，体现头发的光泽感。叠色加深耳后、颈后的头发，区分出大的层次。

用黄棕色加深发缝及暗部，通过笔触的宽窄变化对头发进行分组，细化每绺头发的前后、上下层次，表现出卷发波浪起伏的效果。

Step 09

用深棕色进一步整理头发的分组，加深阴影死角的部分，强调头发的大层次。用棕色纤维笔绘制出飞散的发丝，表现出发丝的飘逸感。

Step 10

用浅黄色为裙子大面积铺色，丝绸具有较强的光泽感，笔触的形状较为明确。裙子上半部分的褶皱较多，亮面和暗面的区域形状需要进行整理归纳。下半身裙子的褶皱数量少但起伏明显，加上丝绸质地轻柔，要考虑到腿部动态对褶皱走向及形状的影响。

Step 11

用深一号的颜色加深暗部及阴影面，以明显的块面状笔触表现褶皱的形状，荷叶边先强调层叠的上下关系，再寻找褶皱的细节变化。

Step 12

进一步加深褶皱阴影区域，强调褶皱的立体感。褶皱及叠压所形成的阴影形状比较明确，在绘制时注意刻画出阴影的形状变化。强烈的明暗对比能够表现出丝绸的光泽感，但由于服装固有色为浅色，深色笔触的面积一定不能太大。

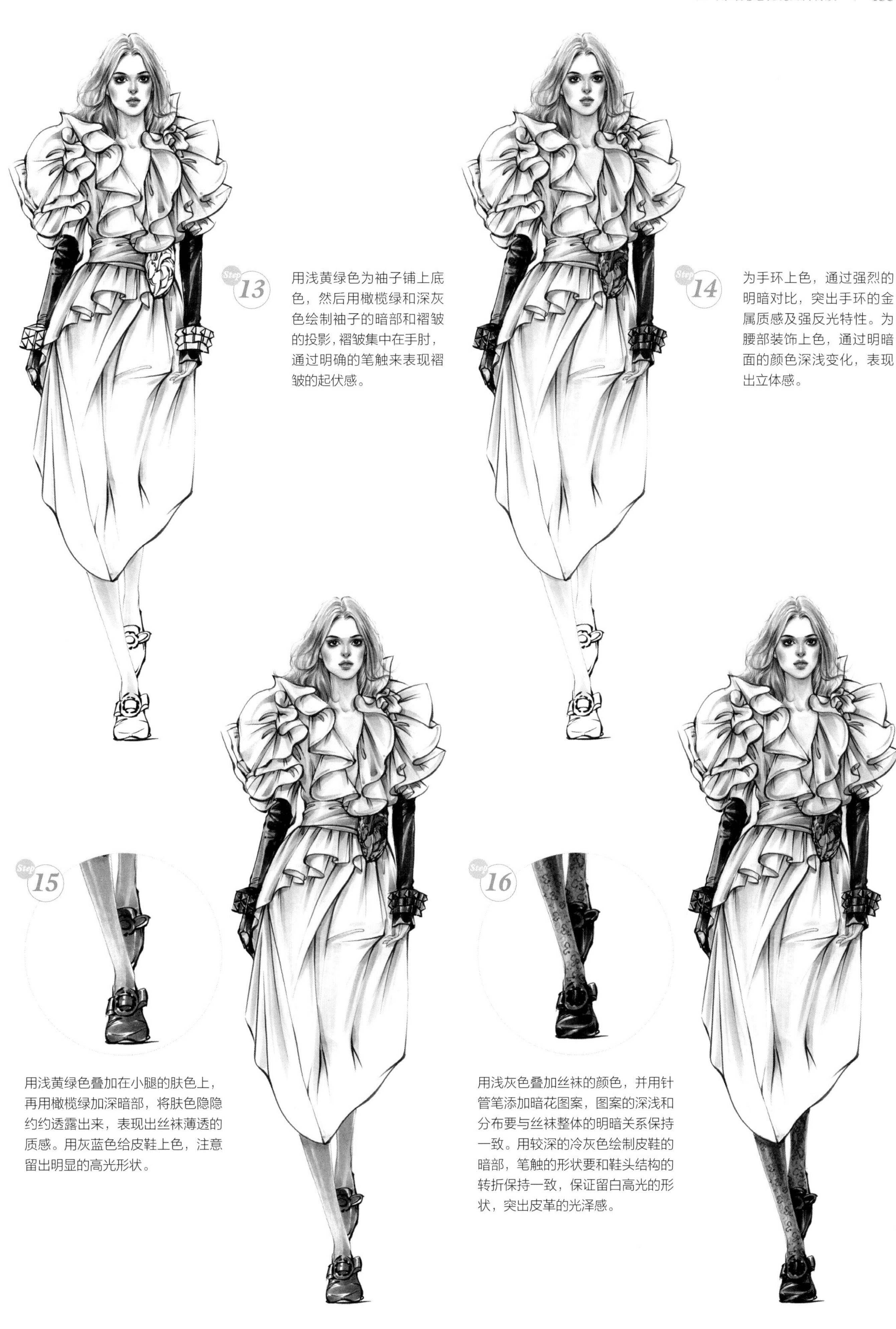

用浅黄绿色为袖子铺上底色，然后用橄榄绿和深灰色绘制袖子的暗部和褶皱的投影，褶皱集中在手肘，通过明确的笔触来表现褶皱的起伏感。

为手环上色，通过强烈的明暗对比，突出手环的金属质感及强反光特性。为腰部装饰上色，通过明暗面的颜色深浅变化，表现出立体感。

用浅黄绿色叠加在小腿的肤色上，再用橄榄绿加深暗部，将肤色隐隐约约透露出来，表现出丝袜薄透的质感。用灰蓝色给皮鞋上色，注意留出明显的高光形状。

用浅灰色叠加丝袜的颜色，并用针管笔添加暗花图案，图案的深浅和分布要与丝袜整体的明暗关系保持一致。用较深的冷灰色绘制皮鞋的暗部，笔触的形状要和鞋头结构的转折保持一致，保证留白高光的形状，突出皮革的光泽感。

用高光笔添加高光：用点状笔触及小块状笔触增加丝绸和金属的光泽感；用线型笔触明确褶边的转折，增加褶皱的立体感；勾画丝袜亮部的花纹，丰富层次感。添加裙摆处的文字图案，注意根据褶皱的起伏将图案做相应的变形处理。

用黑色沿人物一侧的边缘绘制背景笔触，衬托服装展示效果，完成画面绘制。

4.2.2 绸缎表现案例赏析

4.3 格纹的表现

简单的横平竖直的条纹，通过宽窄、颜色、疏密、组织的变化，会产生数不胜数的效果，这使得格纹在时尚舞台上经久不衰。不同的格纹也赋予了服装不同的气质：以黑、白、红、黄、绿、深蓝六种色为基本色的苏格兰高地格纹，充满了经典怀旧的情感；细小的威尔士亲王格纹及千鸟格纹则含蓄、低调，充满了书卷气；鲜艳的马德拉斯格纹则充满了异域度假的闲适感；另外像 Burberry 的经典格纹或是 Louis Vuitton 的棋盘格纹，则承载着品牌的文化。不论是哪种格纹，在马克笔绘制时，都要将其规律性及随着布料起伏的变化性表现出来。

在本小节案例中，简洁的筒裙采用了不对称的披挂式设计，增加了格纹方向变化的复杂性，使格纹图案更具韵律美。再加上流苏饰边和金属饰品的点缀，使整体造型既具有浓郁的民族风情，又具有解构的现代感。

4.3.1 格纹表现步骤详解

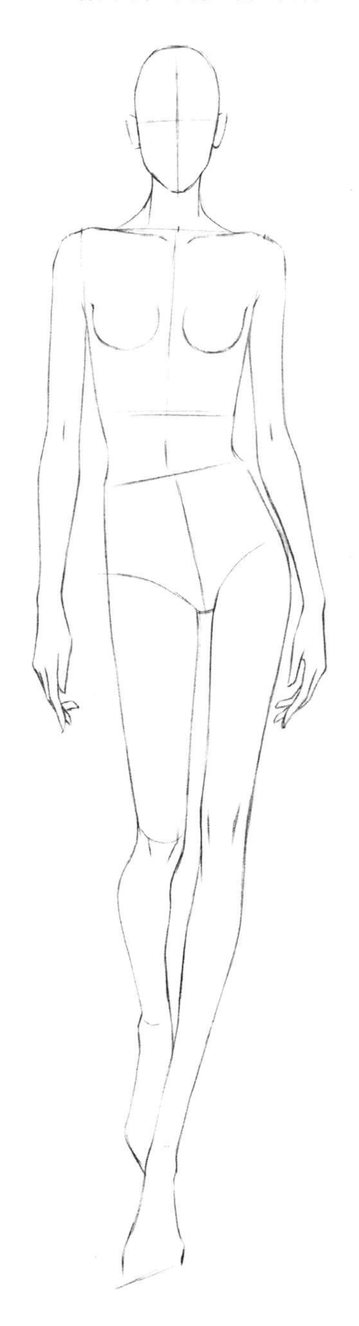

用铅笔起稿，绘制人体结构表现出动态特点。人物上半身基本直立，双手自然下垂；胯部向左抬起，身体重心落于左脚，右小腿向后抬起，注意小腿肚曲线因透视而产生的变形。

绘制出人物的五官及发型，并在人体的基础上，概括出服饰的基本廓型。服装为搭片式结构，上身较为合体下身较为宽松，注意不同部位服装与人体的空间关系。

在草图基础上细化服装款式，整理出明确的褶皱。根据纱向和褶皱起伏来绘制格纹，身体侧面的格纹还要考虑到因人体体积而产生的透视，使格纹呈现得更为自然。

Step 04

用浅棕色针管笔为人体勾线，线条要均匀流畅。用黑色为服饰勾线，通过线条的粗细变化体现褶皱的走向。裙摆右侧因腿部动态在膝弯处产生堆积褶，注意表现出褶皱掩盖下的腿部曲线。装饰的流苏通过笔触的变化表现出不同的形态。最后将格纹的线条用橡皮擦浅，只留下淡淡的印记。

Step 05

用浅肤色在面部、颈部、胸前、手臂以及所有露出来的皮肤上，薄薄地平涂一层底色。

Step 06

用深一号的肤色在眉弓下方、鼻底面、颧骨下方以及下巴与脖子的交界处进行叠色，强调出五官的立体感。并在颈部、四肢以及其他部位的皮肤暗部叠色加深，表现出肌肉和关节的立体感。绘制时注意笔触之间的过渡要自然。

Step 07

用深肤色进一步强调面部、颈部及身体的暗部，添加头发及服饰在皮肤上的投影。

绘制五官及妆容。用蓝绿色绘制眼珠，用深酒红色绘制嘴唇，适当强调唇中缝。用褐色绘制眉毛及睫毛，并勾勒出鼻孔、眼角、鼻头及下唇用白色点出高光。

用暖黄色根据头发的走向画出发丝，头顶的亮部留白，以体现头部的体积感。用略深的黄棕色强调整理头发的层次，表现出发丝的光泽感。

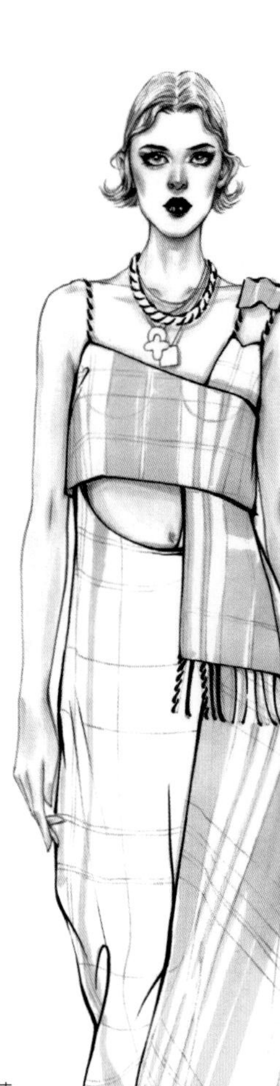

用橙黄色绘制裙子上的黄色竖条格纹，大面积的格纹底色不要画得太平均，笔触在裙摆的受光区域可以收窄并适当省略，通过留白更好地表现出服装整体的体积感。

用灰色以同样的方法绘制裙子上的深色格纹，格纹的笔触稍细，笔触的宽度基本保持一致，但在胸部、腰部以及褶皱起伏处要适当改变笔触的间距及方向。

Step 12

用黑色加深纵横格纹交叉的地方，丰富格纹层次，同样根据褶皱的起伏略微改变笔触的形状。

Step 13

用朱红色以斜向短线的方式，绘制出细条纹，注意与深色条纹的间距基本保持一致，同样要随着人体透视和褶皱起伏进行相应的变形。

Step 14

在深色条纹上，用针管笔细致地排列出短斜线，表现出布料的斜纱纹理。

Step 15

用黄色和橙红色交错绘制出左侧裙摆上的格纹底色，通过转动笔尖来改变笔触的形状，表现出留白的受光区域，使裙摆呈现出立体感。

Step 16 用灰蓝色叠压在左侧裙摆的暗部，使裙摆圆柱体的体积感更为明显。

Step 17 用钴蓝色绘制蓝色格纹及分割色块的细格纹，改变用笔力度绘制出有粗细变化的笔触，尤其是靠近身体侧面的部位，呈现明显的圆弧形透视。

Step 18 用黑色针管笔在左侧裙摆上斜向排线，排线主要集中在暗部及投影区域，这样不仅能表现布料的肌理，还能进一步加重暗面和投影，拉开明暗对比。

Step 19 调整裙子的整体层次和体积，给项链、鞋子等配饰铺出底色，再通过叠色初步表现出明暗关系。

给皮鞋及饰品添加高光，突出明暗对比，表现其光泽感。用高光笔斜向排列小短线，加强面料的肌理感。调整画面大关系，用天蓝色添加背景，衬托展示服饰，完成画面绘制。

4.3.2 格纹表现案例赏析

4.4 皮革的表现

皮革的种类繁多，不同的皮革外观差异非常大，但在绘画表现时仍然能总结出一定的规律。首先，皮革大多具有较强的光泽感（翻毛皮除外），如果没有经过上漆抛光加工，光泽通常比较自然，加工后的皮革光泽会更强烈。其次，皮革质地柔韧紧实，较厚的皮革会使服装产生明显的体积感；较薄的皮革则会产生立体感强烈的环形褶。最后，皮革因为质地紧实，在制作服装时经常会采用双缉线、绗缝、包边等工艺，将工艺细节表现出来，这些工艺在体现皮革质感的同时会使画面细节更加耐看。

本小节案例表现的是大廓型宽松皮夹克，在表现时可以将服装的各部件（袖、衣身等）看作是独立的圆柱体或纺锤体来突出其体积感，注意光源的一致性，避免为了表现光泽感而造成的笔触凌乱。

4.4.1 皮革表现步骤详解

Step 01 用铅笔起稿，绘制出人体结构及动态。在绘制时要注意男人体和女人体的不同，除了肩臂比例外，男性胯部摆动幅度较小，手肘关节也向外打开。在人体的基础上，用长直线概括出服饰造型，上衣要表现出足够的松量。

Step 02 在草图的基础上勾线整理出清晰的线稿。用棕色针管笔勾勒五官及皮肤，用黑色小楷笔勾勒服装及配饰。上衣和装饰的挎包造型较为夸张，在勾线时要通过笔触的粗细变化来表现体积感。

Step 03 较深的肤色可以选择浅红棕色打底，再用不同色阶的棕褐色叠加绘制明暗关系。蓬松的卷发可以用点状笔触铺底色，再用弯曲的小短线进行勾勒。

Step 04 用浅红色铺出皮革外套的底色。案例中的皮革较为厚实，再加上服装为超宽松款式，因此褶皱很少，可以将衣身和袖子视作圆柱体，表现出整体的体积感即可。

Step 05

用稍深的橙红色，进一步塑造服装的体积感，在腋下与袖子两侧的暗部和投影处进行叠色加深，翻折的门襟及挎包在服装上产生投影也要加重。

Step 06

用水红色进一步强调服装的明暗关系，通过用笔力度和速度的变化，使笔触呈现出不同深浅，浅色部分能和上一层铺色自然融合，形成笔触的"虚实"变化。笔触的宽窄也要有相应变化，通过塑造高光和反光区域的形状，表现皮革的光泽感。领口处的绗缝则用笔尖进行勾勒。

Step 07

用浅桃粉色绘制挎包的底色，再用水红色加深暗部及投影，在叠色时要注意自然过渡。可以根据挎包的结构线来区分明暗面，保证足够的留白区域来表现皮革的光泽感。外套的领子通过适当强调明暗交界线来表现领面的翻折。

Step 08

绘制短裤。用块状的笔触归纳出人体结构的转折面，小腹和大腿上方的高光处留白。用线状的笔触勾勒结构线，表现出短裤的工艺细节。

用浅蓝灰和浅桃粉色绘制鞋袜等配饰，色彩要保持高明度，以体现白色的固有色。选择补色来绘制人体左侧轮廓的背景色，丰富画面的色彩表达。

根据服装不同部位的特点，分别采用点状笔触和线性笔触来提亮高光、反光，起到增强光泽感、刻画工艺细节和明确边缘结构的目的，更好地展现皮革厚实但光滑的质感。完善背景，完成画面绘制。

4.4.2 皮革表现案例赏析

4.5 金属光泽面料的表现

金属光泽感面料是近年来极为流行的新型面料的一种，面料表面经过 PVC 涂层加工或覆膜加工，呈现出具有金属般耀眼的光泽感。与丝绸、皮革等面料相比，金属光泽感面料的光泽更强烈，经过涂层或覆膜加工后，面料质地会变硬、变脆，会产生大量形状鲜明但细小的褶皱。在绘制时，一方面需要表现出更鲜明的明暗对比，同时增加环境色的色彩变化；另一方面，褶皱的形状要表现得更肯定。

本小节案例所表现的工装背带裤，虽然款式并不复杂，但因为采用了金属光泽感面料，使褶皱的明暗变化十分复杂。在绘制时，首先要抓住裤子整体的体积感，大的受光面、背光面、明暗交界线和反光的区域要区分出来，不能被繁多的褶皱所干扰；其次，褶皱要主次分明，适当取舍，不能平均处理，杂糅一片。

4.5.1 金属光泽面料表现步骤详解

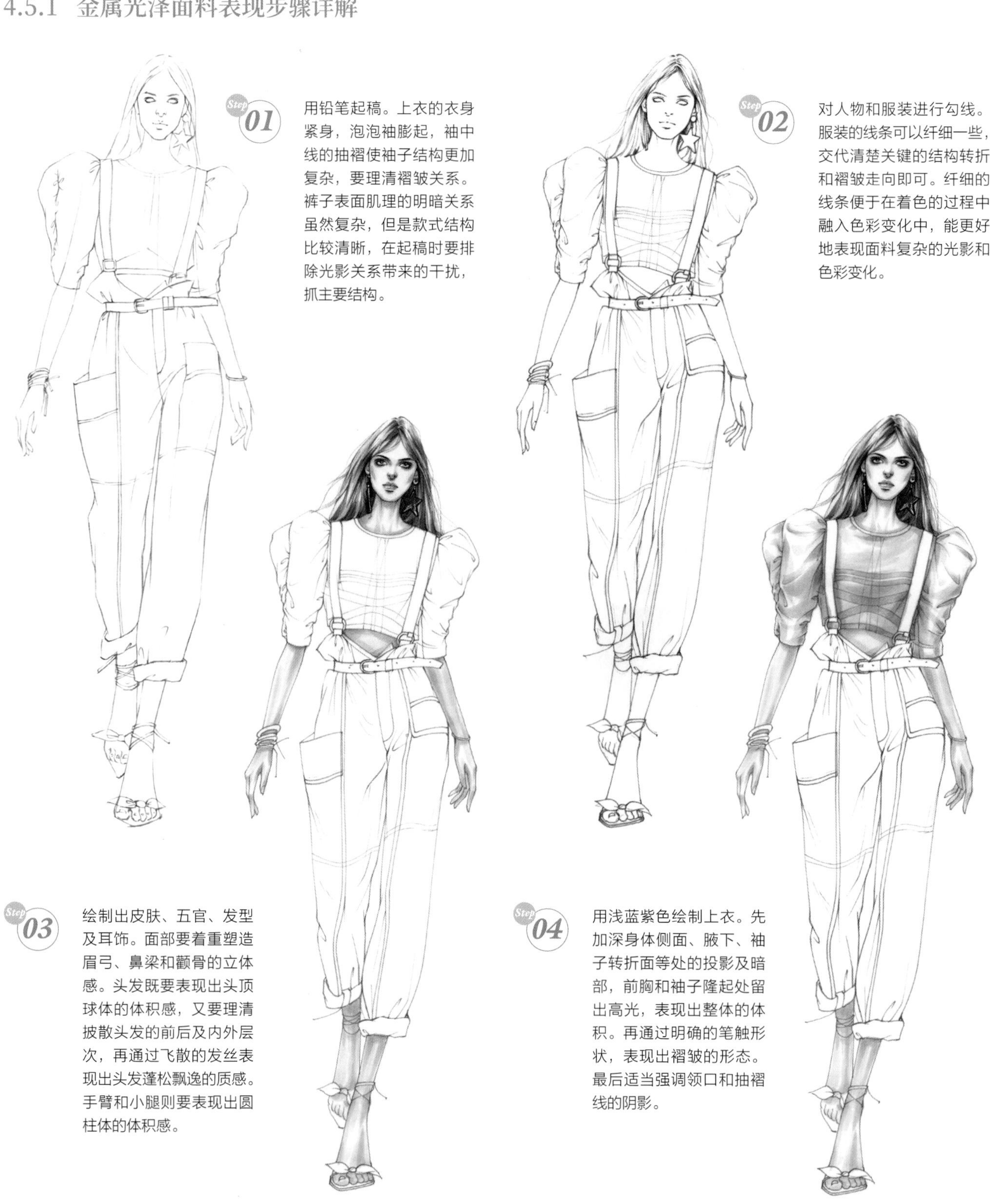

Step 01

用铅笔起稿。上衣的衣身紧身，泡泡袖膨起，袖中线的抽褶使袖子结构更加复杂，要理清褶皱关系。裤子表面肌理的明暗关系虽然复杂，但是款式结构比较清晰，在起稿时要排除光影关系带来的干扰，抓主要结构。

Step 02

对人物和服装进行勾线。服装的线条可以纤细一些，交代清楚关键的结构转折和褶皱走向即可。纤细的线条便于在着色的过程中融入色彩变化中，能更好地表现面料复杂的光影和色彩变化。

Step 03

绘制出皮肤、五官、发型及耳饰。面部要着重塑造眉弓、鼻梁和颧骨的立体感。头发既要表现出头顶球体的体积感，又要理清披散头发的前后及内外层次，再通过飞散的发丝表现出头发蓬松飘逸的质感。手臂和小腿则要表现出圆柱体的体积感。

Step 04

用浅蓝紫色绘制上衣。先加深身体侧面、腋下、袖子转折面等处的投影及暗部，前胸和袖子隆起处留出高光，表现出整体的体积。再通过明确的笔触形状，表现出褶皱的形态。最后适当强调领口和抽褶线的阴影。

Step 05

用浅紫红色绘制背带裤的底色，先表现出裤腿圆柱体的体积感，再用肯定的笔触在裆部、大腿两侧和抬起的右小腿处叠色，区分明暗面。小腹上部、右大腿处口袋和左膝盖处的高光区域明显。由于面料质地较硬且褶皱较多，明暗交界线和高光区域边缘呈现出锯齿状的明显起伏。

Step 06

用略深一些的紫红色加深裤子的暗部及转折面，用清晰、鲜明的笔触形状表现褶皱的形态。金属光泽面料因其特殊性，褶皱转折格外硬朗，形成的高光及阴影的形状较为尖锐，绘制时可多用尖角状的笔触来表现。虽然褶皱细碎，但是在绘制时，仍然要把握住整体的明暗关系，一些特别碎小的褶皱可以适当省略，避免画面凌乱。

Step 07

用蓝紫色进一步加深明暗交界线，用较深的明暗交界线将衬托出反光区域。细致刻画裤子上的褶皱暗部及投影，用点状和小块笔触表现出主要褶皱上叠加的细碎褶皱。添加环境色，暗部用大笔触轻扫，让冷色调和底色自然融合；亮部的笔触较为肯定，和褶皱的形状保持一致。

Step 08

用黑色继续刻画加深明暗交界线及褶皱的阴影死角，进一步细化褶皱形态，强调明暗对比。接着绘制翻卷的裤脚，进行初步的体积塑造后叠加环境色，营造出哑光的效果。绘制腰带、手环和鞋等配饰。

Step 10

用白墨水和高光笔细致刻画裤子的高光和反光。较为集中的高光区域内也会因面料的轻微起伏而存在微妙的色彩差异，用小块的笔触耐心地寻找这种变化。裤腿整体的反光区域和褶皱的高光带也用肯定的笔触进行强调。高光笔除了用点状笔触表现出闪光和细碎的小褶，还需要勾勒结构线、添加纹理细节。最后再用亮黄色添加反光，进一步增强光泽感，并绘制背景，丰富色彩变化，烘托画面氛围。

4.5.2 金属光泽面料表现案例赏析

4.6 羽绒面料的表现

羽绒面料属于填充物面料。早在15世纪，人们就在服装上使用填充物以此获得夸张的服装造型，以彰显其身份地位。时至今日，除了一些礼服和创意服装，填充物的使用更多地是为了实用性的功能——保暖。现代意义上的羽绒面料最早出现在1922年，攀登珠穆朗玛峰的登山家们首先使用了羽绒面料来保暖。最初的羽绒面料有一个致命缺陷：羽绒太轻，被封装在服装中一段时间后就会聚集沉底，不仅穿着极不舒适，也影响保暖效果。到了1936年，美国人艾迪·鲍尔（Eddie Bauer）解决了这一难题，他采用了一种工艺手法——绗缝，即用长针缝线将一块面料划分为多个区域，每个区域都成为一个独立的“羽绒包”，以此来固定填充物。使用填充物会使服装产生膨胀的造型，绗缝会产生大量的碎褶，这两点成为表现羽绒面料最显著的特点。

本小节案例所表现的就是非常典型的羽绒上衣。在表现时要保证人体和服装间留有充足空间，以体现羽绒服的厚度。膨胀的造型使得每一块绗缝区域都形成独立的体积感，同时产生大量碎褶。但是在绘制时，还是应该强调人体运动产生的褶皱，绗缝所形成的褶皱需要取舍和简化。

4.6.1 羽绒面料表现步骤详解

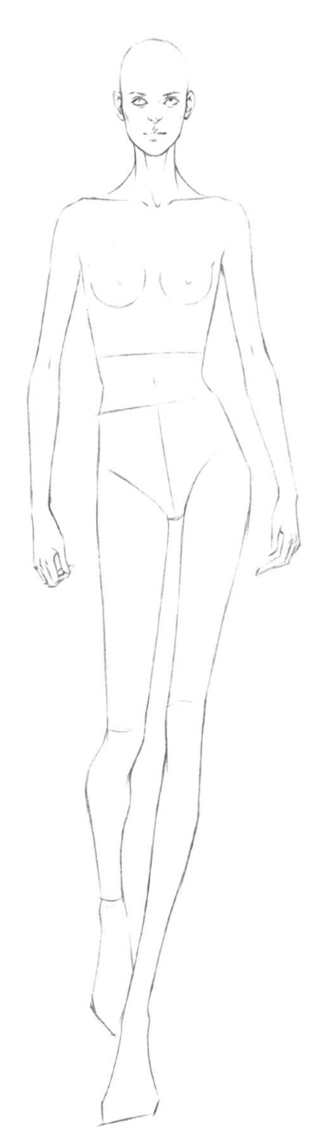

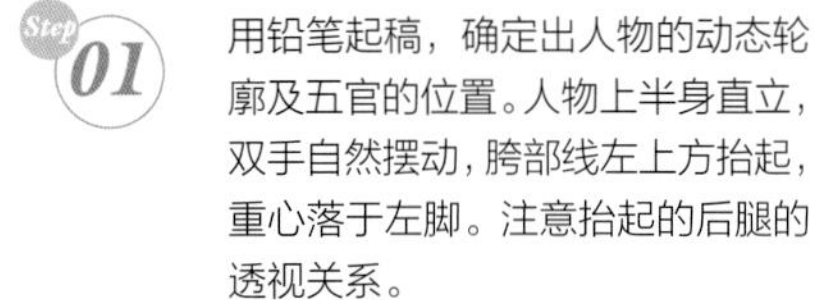

Step 01 用铅笔起稿，确定出人物的动态轮廓及五官的位置。人物上半身直立，双手自然摆动，胯部线左上方抬起，重心落于左脚。注意抬起的后腿的透视关系。

Step 02 为人物添加发型和五官，然后在人体结构基础上绘制服装款式。羽绒服厚实、宽松，因为绗缝工艺会形成鲜明的体积感。折叠装饰在脖子及胸前处堆积，形成复杂的褶皱，在绘制时要理清关系。裤子较为修身，和宽松的上半身形成视觉上的对比。

Step 03 用棕色为头部勾线，注意表现出头发的体积及层次。用黑色为服饰勾线，羽绒服的绗缝工艺会产生非常细碎的褶皱，要以结构线为中心放射状进行分布。前胸因捆扎形成复杂褶皱，注意用柔和的长曲线来绘制，和绗缝产生的碎褶有所区别。牛仔裤布料较硬，用长直线绘制其轮廓，褶皱的转折也较为干脆。

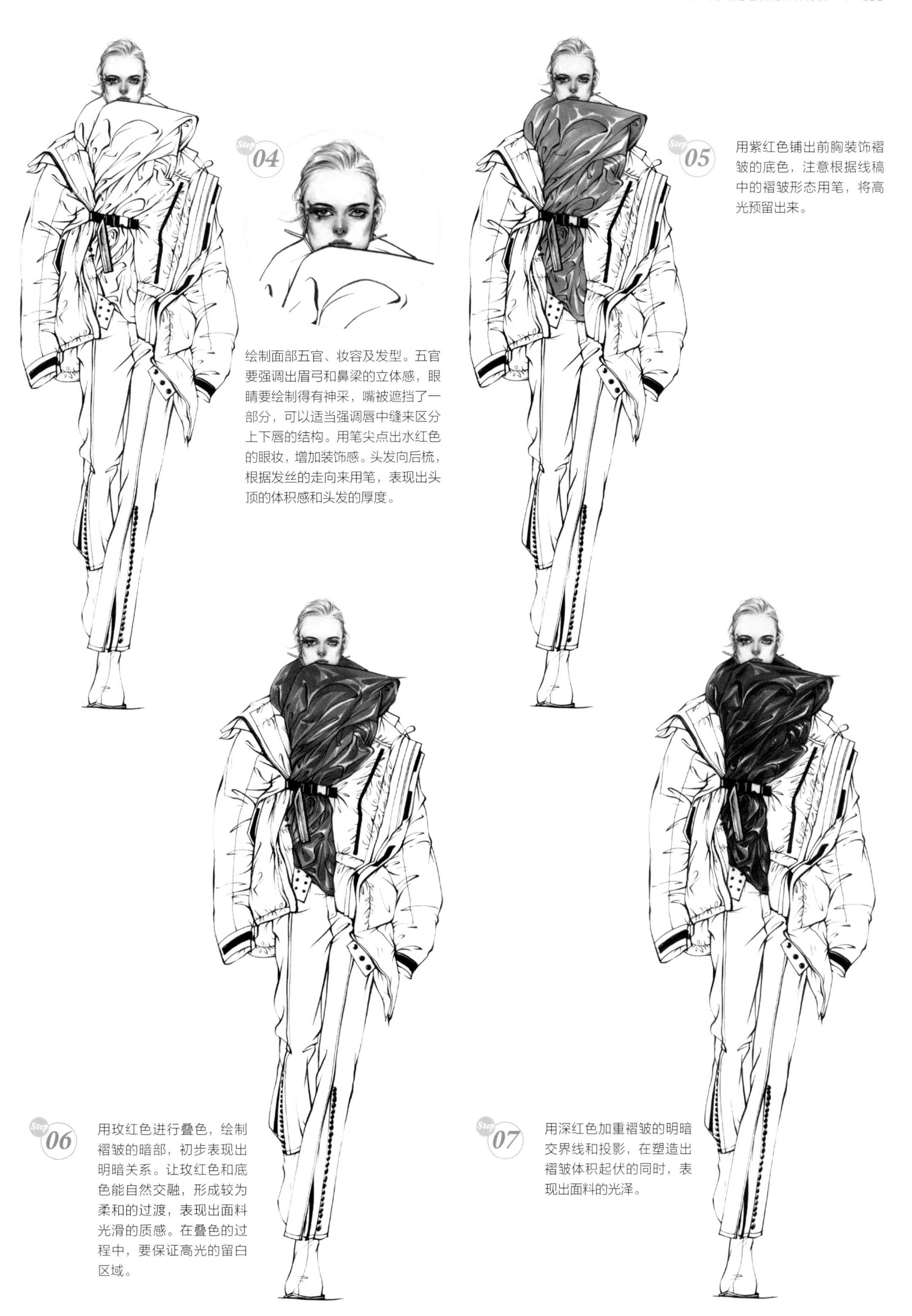

绘制面部五官、妆容及发型。五官要强调出眉弓和鼻梁的立体感，眼睛要绘制得有神采，嘴被遮挡了一部分，可以适当强调唇中缝来区分上下唇的结构。用笔尖点出水红色的眼妆，增加装饰感。头发向后梳，根据发丝的走向来用笔，表现出头顶的体积感和头发的厚度。

用紫红色铺出前胸装饰褶皱的底色，注意根据线稿中的褶皱形态用笔，将高光预留出来。

用玫红色进行叠色，绘制褶皱的暗部，初步表现出明暗关系。让玫红色和底色能自然交融，形成较为柔和的过渡，表现出面料光滑的质感。在叠色的过程中，要保证高光的留白区域。

用深红色加重褶皱的明暗交界线和投影，在塑造出褶皱体积起伏的同时，表现出面料的光泽。

Step 08

整理前胸装饰褶的明暗层次，进一步加深阴影死角部位。用白墨水和高光笔提亮高光，注意高光也有层次变化，位于暗部的褶皱高光较弱，装饰褶凸起部位的转折处高光最为强烈。

Step 09

用大红色绘制羽绒服的内衬。结构线和缝纫线两侧有大量的放射型碎褶，在着色时先不要受褶皱的干扰，而是要表现出整体的体积感。

Step 10

用深一号的红色，从结构线或缝纫线向外用笔，整理出内衬褶皱的形状，在刻画褶皱的同时仍然要强调出因填充物而产生的饱满体积感。虽然内衬上的褶皱比较细小，但仍然要用高光笔添加高光，表现出褶皱的立体感。

Step 11

用浅紫红色铺出羽绒服外层的底色，袖子、衣身和下摆都因为填充物呈现出膨胀的体积感。因为面料具有一定的光泽度，在绘制时要给高光留出足够的区域。

Step 12

用稍深一些的紫红色加深褶皱暗部及转折面，初步强调出明暗关系。绘制时通过明确的笔触形状，表现出褶皱的形态。

Step 13

因为羽绒服膨胀的体积，会产生更为强烈的明暗对比。用更深一些的紫红加重人体转折处的暗部和阴影区域，进一步刻画褶皱，但同时要维持住袖子高光带和衣身高光区域的面积。

Step 14

用高光笔以线型的笔触勾勒出羽绒外套的高光，增加面料的光泽感。然后开始绘制裤子，先用浅蓝色平涂出裤子的底色，再叠色加深裆部、双腿两侧的暗面，绘制出羽绒服在裤子上的投影及裆部的拉伸褶。

Step 15

用钴蓝色再次加深双腿两侧的暗面，抬起的右小腿整个处于暗面，也要适当加深。细化裤子的褶皱，加深褶皱的投影部位，尤其是裆部起伏明显的拉伸褶。用浅紫色轻扫叠加环境色，使画面色彩更为统一。用同样的颜色及方法绘制鞋子，注意双脚的前后关系，后面的右脚可以适当省略。

Step 16

整理裤子及鞋子整体的明暗关系，用高光笔绘制出线型高光，增强褶皱起伏，并对结构线进行强调。最后添加背景色，背景笔触灵活、潇洒，能很好地衬托画面氛围。

4.6.2 羽绒面料表现案例赏析

4.7 蕾丝的表现

蕾丝一直是精致华丽的代名词，不论是在领口、袖口或下摆进行点缀，还是整件或整套服装大面积使用，蕾丝都能展现出穿着者高雅而浪漫的审美情怀。最早的蕾丝是由金属丝（细银丝或细铜丝）编织而成，直到15世纪才开始用丝或棉作为主要材料。到了17和18世纪的巴洛克和洛可可时期，蕾丝更是风靡了整个欧洲大陆。蕾丝的花型千变万化，细节繁多，在绘制时，要将主要花型、次要或辅助花型以及底纹或底网的层次进行区分。如果有镂空部分，还要适当添加阴影，表现出蕾丝的厚度。

本小节案例表现的是蕾丝礼服，绘制中既有精细刻画、雕琢图案的部分，也有简练概括、寥寥带过的部分，使画面虚实得当，疏密有致。

4.7.1 蕾丝表现步骤详解

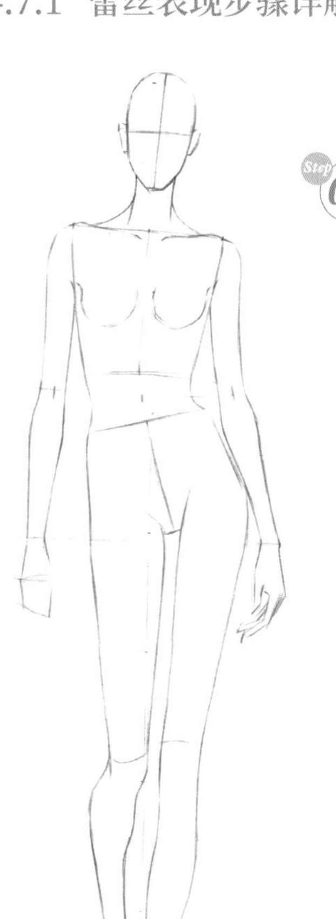

Step 01 用铅笔起稿，先用胸腔及盆腔的位置及倾斜度确定出人物的比例结构。然后根据确定的体块用长线条概括出人体轮廓，注意抬起的右腿的透视关系。

Step 02 继续用铅笔绘制出确定的五官和发型，在人体轮廓基础上概括出服饰的大概廓型，大多数蕾丝质地轻薄，有一定的垂褶感。案例中的服装衣身较为贴体，只在系带部分有较大的褶皱。裙摆则在膝盖以下位置有较多堆积褶皱，形成蓬松的造型。

Step 03 分别用针管笔及小楷笔为皮肤、发型及服饰部分勾线，通过用笔力度的变化，绘制出不同粗细的线条，表现出人体及服装的体积感。添加确定的褶皱线条，裙摆的褶皱方向会受到行走动态的影响。

Step 04 将铅笔草稿线擦除干净，用肤色浅浅地铺陈出面部、颈部以及手部的底色。蕾丝会呈现出不同程度的透明感，会隐隐透出皮肤的颜色，用深一号的肤色绘制被蕾丝覆盖的躯干和大腿部分，膝盖下的肤色逐渐消失。

Step 05

用稍深的肤色加深发际线、额角、眼眶、鼻底、颧骨、唇沟等暗部和投影，表现出五官的立体感。接着加深身体部分的暗部及转折面，突出身体肌肉的立体感。最后绘制下巴在脖颈上的投影以及头发和衣服在身体上的投影。

Step 06

绘制五官并添加妆容。用深褐色绘制眉毛、上眼睑及眼眶，勾勒出鼻孔及唇中缝。用红褐色晕染出眼影并为眼珠上色。用大红色为嘴唇上色，上唇颜色比下唇略深。用高光笔提亮瞳孔、鼻头、下嘴唇的高光，强调五官的立体感。

Step 07

绘制发型，发型为短发，用鲜明的球体体积呈现。先用浅赭褐色轻扫铺出头发的底色，留出头顶高光；再用方头笔尖概括出暗部块面状笔触，最后用软头笔尖根据分缝线位置整理出发丝的走向。

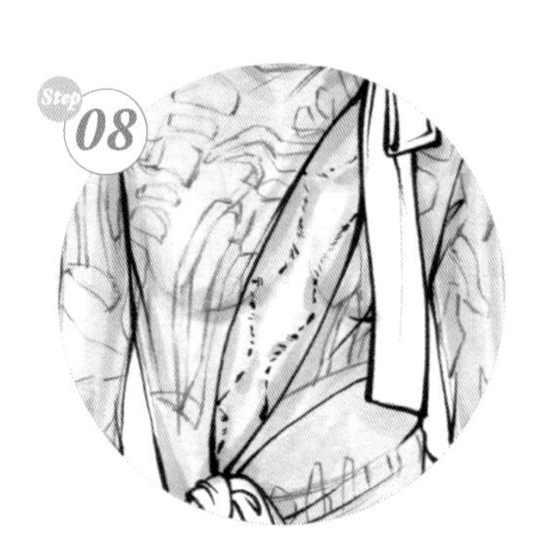

Step 08

用铅笔勾勒出服饰上的蕾丝图案。蕾丝图案分为主要花型和次要辅助花型，勾勒出主要花型的外轮廓即可。上身蕾丝贴合身体，花型要根据人体结构和透视来绘制。腰线下的图案相对平整。

上半身的蕾丝花型分为不透明和半透明两种，用黑色填充不透明的图案，半透明的花型图案用黑色勾勒边缘。

用灰色填充图案的半透明部分，和黑色的不透明图案进行区分。在图案的镂空部分勾勒菱格形的底纹网眼，最后添加细小的花边，表现出经编网眼织物的特点。蕾丝和皮肤的交界处添加投影，蕾丝面料较薄，因此阴影的区域较窄，投影区的形状较为明显。

用浅赭褐色铺出系带的底色，然后用蓝灰色绘制系带的暗部及褶皱投影。系带有较强的光泽感，要留出形状明显的受光面。

用黑色细致刻画系带的褶皱暗部，加深阴影死角，强调褶皱的形态。

Step 13

用小块状和点状的白色笔触，提亮系带褶皱的高光，通过强烈的明暗对比表现出系带的光泽。

Step 14

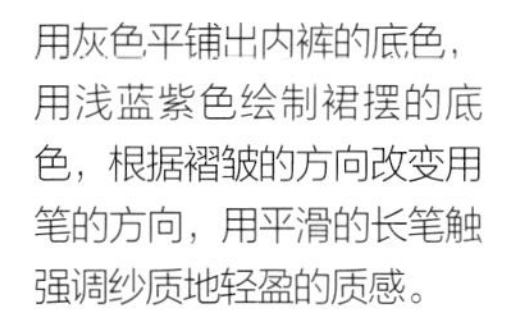

用灰色平铺出内裤的底色，用浅蓝紫色绘制裙摆的底色，根据褶皱的方向改变用笔的方向，用平滑的长笔触强调纱质地轻盈的质感。

Step 15

用紫灰色叠加裙摆的暗部和褶皱的阴影。膝盖上方的面料较为贴体，要表现出大腿圆柱体的体积。膝盖下方裙摆褶量加大，褶皱起伏明显。左腿前迈产生垂坠褶，右小腿后抬在膝弯处挤压产生堆积褶，两者在形状上明显不同，通过笔触的排列变化表现出来。

Step 16

用更深的紫灰色加重褶皱的阴影，笔触较为细长，笔锋收尖，通过尖细的阴影形状表现纱料的轻薄质感，同时通过较强的明暗对比表现褶皱明显的起伏。

Step 17 用黑色绘制膝盖上方的蕾丝图案，膝盖以下的部分裙摆散开，蕾丝图案随褶皱的起伏变化较大，需要表现出其随着褶皱起伏而产生的明暗关系。因此，用深灰色绘制亮部的图案，在暗部或褶皱阴影区域用黑色加深。可以用写意的笔触绘制得轻松一些。

Step 18 绘制出膝盖上方蕾丝的网状结构底纹。膝盖以下的蕾丝用针管笔以排线的方式绘制出底网，更突出轻薄的质感。用白色略微勾画裙摆上层的蕾丝花型，增加层次感。用点状笔触添加高光，绘制鞋子等配饰，最后添加背景色，完成绘制。

4.7.2 蕾丝表现案例赏析

4.8 印花的表现

印花工艺可以使平平无奇的面料或服装款式变得丰富多彩，充满趣味性。随着近年来印花技术、新染料和新助剂的不断发展，尤其是数码印花技术的普及，印花的精细程度和逼真程度都达到了前所未有的高度，给服装设计带来更多创意和可能性。印花面料如此多变，这就要求在用马克笔进行表现时，要根据图案特点应用更多的技法、更灵活的变化笔触，才能将所需的图案效果恰如其分地表现出来。还需注意的是，如果表现的是具象的印花图案，则要考虑到图案与人体的透视关系以及褶皱起伏对图案产生的影响；如果表现的是抽象图案，则可以进行平面概括，忽略光影和体积的变化，突显出马克笔时装画快速写意的特点。

本小节表现的是抽象的印花 T 恤，图案具有较强的方向性，在绘制时通过笔触形态的变化和有指向性的规律排列来表现印花图案。先绘制印花的浅色图案，再绘制深色部分，深色笔触可以对浅色图案形成叠压，便于对笔触的大小和疏密进行控制。图案采用平面概括的方法来绘制，最后提亮高光来表现面料质感和褶皱起伏。这种方法既便捷，又能呈现良好的视觉效果，具有很强的可操作性。

4.8.1 印花表现步骤详解

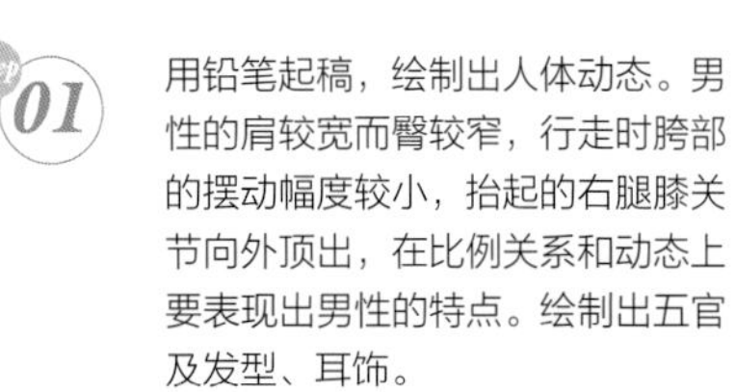

Step 01 用铅笔起稿，绘制出人体动态。男性的肩较宽而臀较窄，行走时胯部的摆动幅度较小，抬起的右腿膝关节向外顶出，在比例关系和动态上要表现出男性的特点。绘制出五官及发型、耳饰。

Step 02 在人体动态基础上，概括出服饰的廓型。背心较为宽松，在腰部扎进裤腰，形成箱形的廓型。双腰头的裤子结构会在腰部形成隆起的造型。裤子因为开衩结构、分割线和抽褶工艺，会产生大量褶皱，因此要找准膝盖、小腿肚等关键部位和裤腿之间的关系。

Step 03 用棕色针管笔为皮肤及发型勾线，表现出头发的体积及层次。用黑色为服装及饰品勾线，用肯定的线条表现服装的款式及结构，用纤细一些的线条表示褶皱。

Step 04

绘制肤色。男装的眉弓、鼻子、颧骨和下巴的转折较女性更为硬朗，肩头的肌肉更加厚实，手肘、手腕等处的关节凸起更加明显。

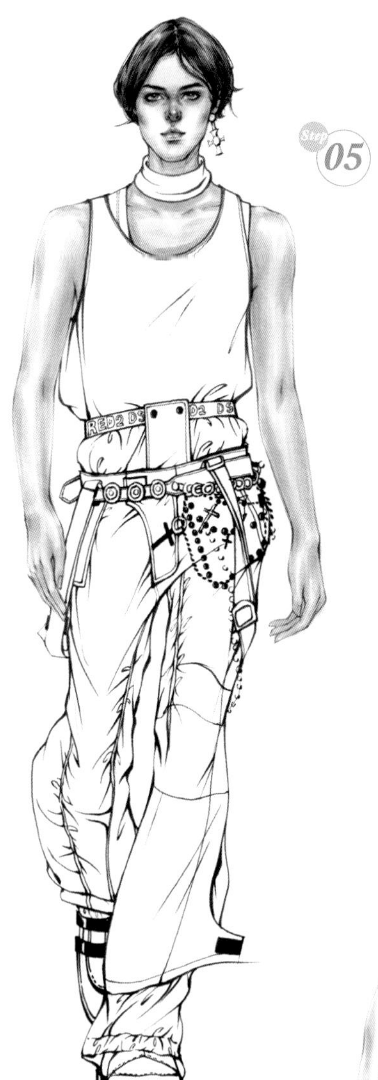

Step 05

绘制发型和五官。重点加深眉弓和鼻底的阴影，男性眉毛也较女性粗壮，唇色要浅淡一些，色泽接近肤色。头发先表现出头顶球体的体积感和头发整体的厚度，再顺着发丝的走向用笔，整理出层次。

Step 06

用红色、黄色在背心上绘制出印花图案的底色。图案较抽象，颜色层次较复杂，可以先绘制浅色，再覆盖深色。图案整体呈放射状，根据图案的方向来用笔。再用同样的方式绘制出围脖。

Step 07

在红黄两色的间隙处添加玫红色的笔触，用少量黑色叠加深色的图案，注意颜色之间面积的配比和位置的分布。用同样的方式绘制腰部图案。背心的材质具有较强的光泽感，根据褶皱的起伏用白墨水提亮受光面，并点出高光。

Step 08

用红色绘制裤子，注意区分出前后两腿的明暗对比。裤子质地较轻柔，通过抽褶形成了大量褶皱，在绘制时要适当取舍，尤其是后抬的右腿，笔触可以平整一些。绘制腰带等配饰的底色，再用较深的颜色加重暗部及投影。

用蓝灰色绘制裤脚及鞋子。裤脚褶皱同样要注意对碎褶的取舍。鞋子的结构较为复杂，前后两脚的透视区别较大，通过笔触的形状来表现鞋子各部位的结构。

Step 10

整体调整画面的明暗层次，并用白色绘制出高光的形态，提亮画面。最后添加橙色背景，丰富和完善细节，完成绘制。

4.8.2 印花表现案例赏析

4.9 针织面料的表现

近年来，针织服装发展迅速，因为其具有的柔软质感，给快节奏生活中的人们提供了舒适性，再加上不断创新的纱线种类和编织手法，使针织服装呈现出丰富的外观：既可以织得轻薄柔软，表现出如丝绸般的垂坠感；也可以用粗线大棒针，表现出质朴的手工感；还可以在编织过程中让纱线时松时紧，可以漏针掉针，形成凹凸不平的肌理感。但不论是什么风格的针织衫，都会形成柔和的线条轮廓。

本小节案例表现的是具有经典费尔岛图案元素的套头针织衫，质地较为厚重，在绘制时可以重点强调图案肌理，对织线的排列方式进行细致刻画，使画面疏密有致。厚重的针织衫与轻薄的装饰领以及包臀短裙相搭配，对经典款式进行了新的诠释。

4.9.1 针织面料表现步骤详解

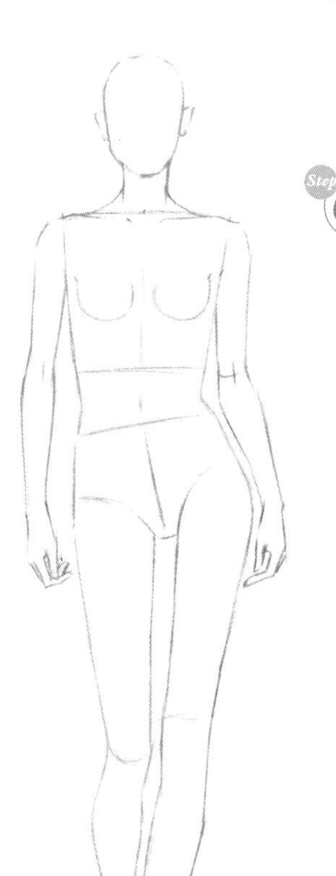

Step 01

先绘制人体动态轮廓，上半身基本直立，双臂自然下垂，胯部向左侧抬起，重心落于左脚，右脚微向后抬起，注意前后脚的遮挡关系。

Step 02

在人体轮廓基础上绘制出五官发型及服饰。针织衫较宽松，质地较为厚实，要与人体间留有足够的松量，但因其质地柔软，会产生长而深的褶皱。短裙较贴身，沿身体轮廓绘制即可。

Step 03

在草图的基础上，用浅棕色针管笔对人体进行勾线，并整出颈部的层叠的拉夫领。用黑色小楷笔对服饰进行勾线，其整体褶皱较少，用顺畅的长曲线来勾勒即可。鞋子和手包的细节较多，也需耐心勾画。

Step 04

擦除不需要的辅助线。用较浅的肤色色号平铺出皮肤的底色，在眉弓、眼眶、鼻底、颧骨等处层叠加深，初步表现出面部五官的立体感。腿部则要表现出圆柱体的体积，裙子在大腿上的投影也要加强。

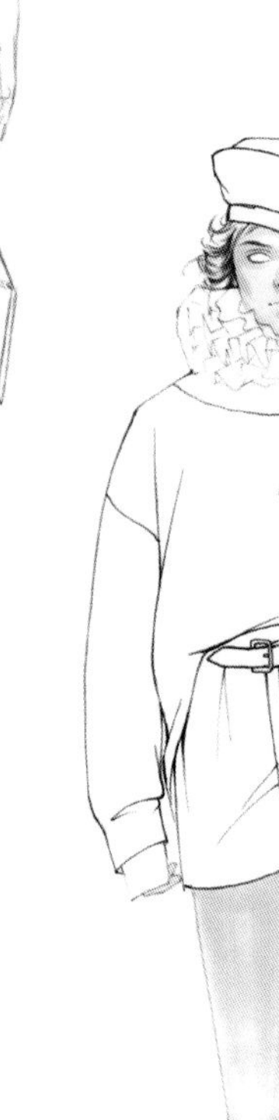

Step 05

用稍深的肤色色号加深面部五官的暗部，突显五官的立体感。加深腿部皮肤的暗部以及服饰在皮肤上的投影，因为抬腿而向前顶出的左膝可以适当强调。

Step 06

为人物添加妆容。具有戏剧感的装饰眼线是妆容的重点，在绘制时要将妆容的线条和上下眼睑的结构区分清楚。翘起的短发在绘制时也要分组，表现出相应的层次感。

Step 07

用接近黑色的深灰色绘制帽子，帽子的造型硬朗，表面有光泽，用形状肯定的笔触进行绘制，留出形状明显的受光区域。笔触的大小形状要和帽子转折保持一致。

Step 08

用略浅的灰色对明暗面进行过渡，使转折显得柔和一些，留白的高光形状仍然很明显。

Step 09

用白色点出细碎的高光点，增加帽子的光泽感。用浅蓝紫色绘制拉夫领，为了表现半透明的质感，可以先衬垫背景色，背景色在拉夫领上隐约透露出来。用高光笔勾勒线条提亮，既强调出褶皱的形态，又增加了明暗对比。

Step 10

用橙红色为针织衫铺上底色，袖子部分比较舒展，用大面积的笔触表现，下摆因为塞进裤腰及抬胯的动态而挤压产生了折叠式的褶皱，可以根据褶皱的方向来排列笔触。

Step 11

用深红色加深上衣的暗部，明确褶皱的形状和走向，通过改变笔触形状来表现褶皱的变化。针织衫整体外观较为膨胀，除了刻画褶皱外，还要保证服装整体呈现出圆柱体的体积感。

Step 12

用深灰色绘制上衣的图案，注意表现出针织的针脚效果。虽然图案的颜色很深，但仍然需要表现出褶皱的起伏，用黑色绘制出图案上的褶皱形状。

Step 13

根据人体透视和褶皱的起伏，用深灰色小笔触点画出横向的针织纹理，凸显出面料的材质感。点绘时，注意笔触的大小、疏密和排列方式，不要画得过满，尤其是受光部分要省略留白，以体现服装的整体体积。

Step 14

用高光笔以同样的方式，点画出竖向的针织纹理，完善材质的细节。同样不要点得太满太平均，笔触可集中在亮部和暗部过渡的中间色调区域，否则容易破坏服装整体的体积感。

Step 15

用浅蓝灰色绘制出短裙的底色，用稍深的蓝灰色叠加暗部及褶皱，裙子较为紧身，整体明暗关系要表现出圆柱体的体积感。左腿前迈，在下摆处形成明显的拉伸褶。用更深一些灰色来绘制腰带。

Step 16

用更深一号的蓝灰色继续叠加暗部，细化褶皱，通过笔触强调褶皱的形态。

Step 17

用墨蓝色绘制点状笔触，表示细小的褶皱。用白色点绘出裙子的高光并勾勒腰带扣等细节。用和领子相同的颜色绘制袖口。

Step 18

用蓝灰色绘制手提包，手提包为立方体，转折明显。用深灰色绘制靴子的底色。

Step 19

用深黑色叠加手提包的暗部，用黑色加深靴子的暗部，完善配饰的细节。最后，添加背景色来烘托画面。

4.9.2 针织面料表现案例赏析

4.10 皮草的表现

皮草多变的外观和纤细繁复的毛丝让很多初学者不知从何处下笔。其实，不论是长毛皮草还是短毛皮草，顺直毛丝皮草还是卷毛皮草，单色皮草还是杂色皮草，在绘制时都要遵循“从整体到细节”的步骤。先确定皮草的整体轮廓，再将其进行分组，每一个分组按照半球体或圆柱体的体积处理明暗关系，表现出皮草的蓬松感；然后在每一组里再进行分层，根据毛丝的走向用笔，表现出皮草一簇一簇的层次感；最后才是用纤细的笔触勾勒毛丝细节，体现出皮草的特征。

本小节案例中表现的是长毛皮草披肩，在起稿和勾线时就要通过线条的形态表现出毛丝的特点。在使用马克笔着色时，先用方笔尖铺大色，再用软头笔尖分层次，最后用小楷笔和高光笔整理细节，达到细而不杂，繁而不乱的效果。

4.10.1 皮草表现步骤详解

Step 01

用铅笔起稿，把握好模特的比例和动态。人物左肩下沉，臂部向左上方抬起，左手插兜，右手弯折于胸前，两腿前后交叉行走。

Step 02

根据人体结构及动态绘制头部细节及服饰。皮草厚重但蓬松，要充分表现出膨胀的体积感，在表现时可适当进行夸张。金属饰品非常繁复，要耐心整理出来。

Step 03

用浅棕色针管笔勾勒皮肤及饰品，用棕色小楷笔勾勒服装。皮草用放射排列的小短线来表现，线条的长短、粗细和方向既有整体的统一性，便于塑造体积、进行分组；又有随机的变化性，表现出毛丝的轻盈灵动。迷彩服的质地较为挺括，用肯定的长线条进行勾勒，和皮草形成质感上的对比。

Step 04

绘制皮肤，细化头部。墨镜通过强烈的明暗对比来表现光泽感，在皮肤上会形成清晰的投影。发型为复古的波浪卷，可以将每一个起伏的发卷看作一个半球体或圆筒状体积，来绘制明暗关系。

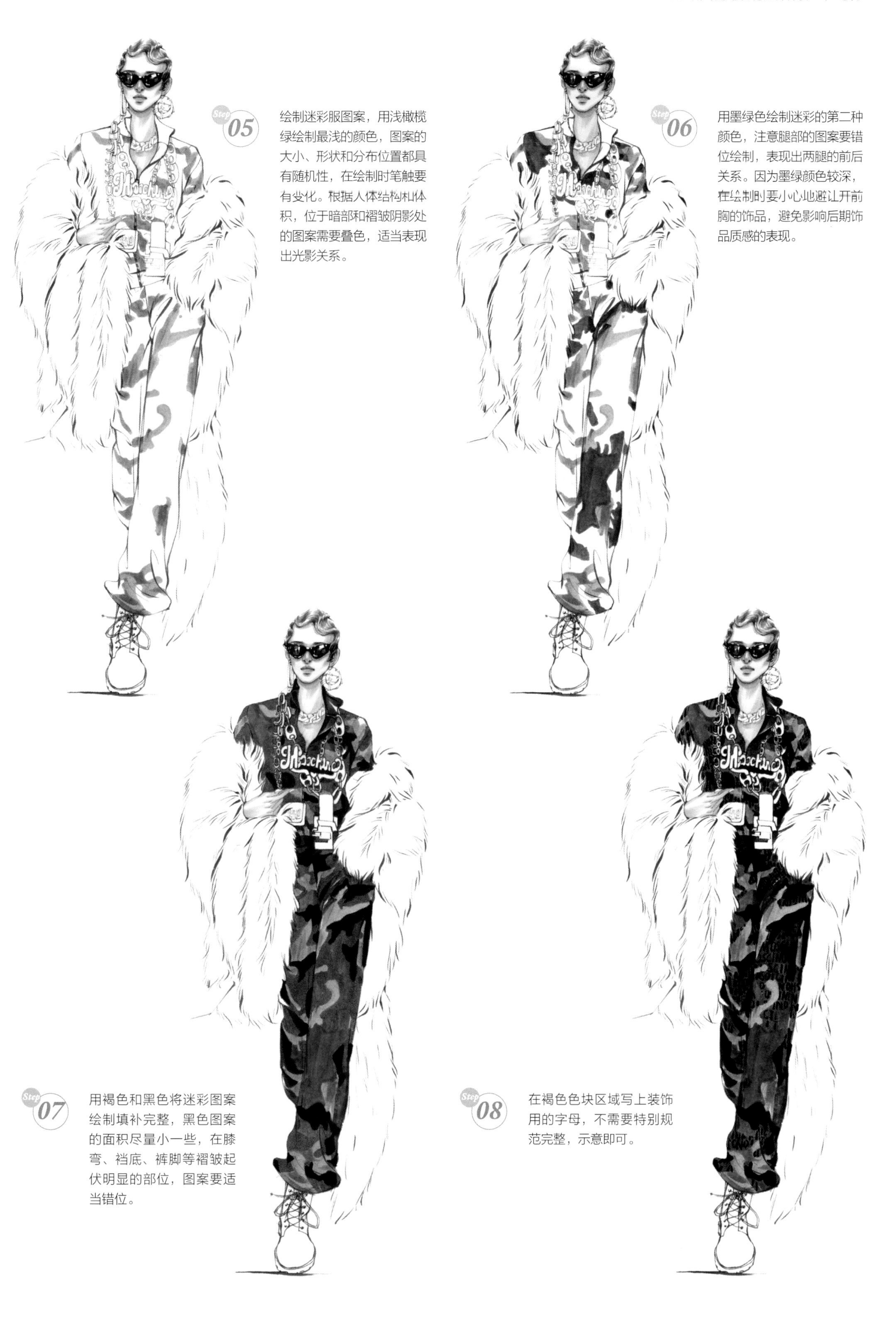

Step 05

绘制迷彩服图案，用浅橄榄绿绘制最浅的颜色，图案的大小、形状和分布位置都具有随机性，在绘制时笔触要有变化。根据人体结构和体积，位于暗部和褶皱阴影处的图案需要叠色，适当表现出光影关系。

Step 06

用墨绿色绘制迷彩的第二种颜色，注意腿部的图案要错位绘制，表现出两腿的前后关系。因为墨绿颜色较深，在绘制时要小心地避让开前胸的饰品，避免影响后期饰品质感的表现。

Step 07

用褐色和黑色将迷彩图案绘制填补完整，黑色图案的面积尽量小一些，在膝弯、裆底、裤脚等褶皱起伏明显的部位，图案要适当错位。

Step 08

在褐色色块区域写上装饰用的字母，不需要特别规范完整，示意即可。

Step 09

用浅黄色及棕黄色绘制项链，用块面明显的笔触来区分受光面与背光面，再用白墨水提亮高光，通过强烈的明暗对比来表现金属的光泽。鞋子明暗面的色彩过渡就较为自然，鞋头部分用肯定的笔触适当强调结构的转折。

Step 10

用浅黄色绘制皮草的底色。在起稿和勾线时已根据褶皱起伏将皮草进行了分组，每一组皮草可以看作是半球体或圆柱体进行塑造，概括出整体的体积关系，受光面留白。

Step 11

用浅橙黄叠色加深皮草的暗部、投影处和毛丝根部，进一步塑造皮草的体积感，用笔方向和毛丝走向保持一致。整理皮草的边缘，表现出毛丝参差不齐的特点。

Step 12

用浅赭石色的小笔触，进一步加深暗部，整理皮草一绺一绺的细节层次。收笔时力度要轻，笔触要收尖，形成自然的过渡。保持受光面的留白，不要因为细节的添加而破坏了前两步塑造的整体体积感。

Step 13

用深棕色进一步加深阴影死角的部分，添加细小的分组，梳理皮草的走向和层次，勾勒飞散的毛丝，表现出皮草的蓬松感。

Step 14

用毛笔或水彩笔蘸白墨水，绘制出受光面的毛丝，尤其是添加皮草边缘毛丝的细节，表现出毛丝的轻盈感。用高光笔绘制出迷彩服和鞋子的高光，适当整理边缘轮廓。最后用飞白的笔触添加背景，背景笔触的弧度要和皮草的形态相呼应，烘托画面氛围。

4.10.2 皮草表现案例赏析

附录 时装画临摹范本

扫描二维码，
查看教学视频